Anurag Jyoti
Raghvendra Kumar Mishra
Rajesh Singh Tomar

Toxicidade e aplicações de nanopartículas verdes

Anurag Jyoti
Raghvendra Kumar Mishra
Rajesh Singh Tomar

Toxicidade e aplicações de nanopartículas verdes

Síntese ecológica de nanopartículas metálicas: Toxicidade e Aplicações

ScienciaScripts

Cover image: www.ingimage.com

This book is a translation from the original published under ISBN 978-620-5-51047-6.

Publisher:
Sciencia Scripts
is a trademark of
Dodo Books Indian Ocean Ltd. and OmniScriptum S.R.L publishing group

120 High Road, East Finchley, London, N2 9ED, United Kingdom
Str. Armeneasca 28/1, office 1, Chisinau MD-2012, Republic of Moldova, Europe
Printed at: see last page
ISBN: 978-620-8-33076-7

TOXICIDADE E APLICAÇÕES DE NANOPARTÍCULAS VERDES

Editores:

Dr. Anurag Jyoti

Prof.(Dr.) Raghvendra Kumar Mishra

Prof.(Dr.) Rajesh Singh Tomar

O Dr. Anurag Jyoti, Ph.D., é Professor Associado no Instituto de Biotecnologia da Universidade Amity de Madhya Pradesh, Gwalior. Obteve o seu doutoramento em Biotecnologia na Jamia Hamdard, Nova Deli, e trabalhou no CSIR-Indian Institute of Toxicology Research, Lucknow. Fez o seu mestrado no prestigiado Instituto Indiano de Tecnologia de Roorkee. Tem mais de doze anos de experiência de ensino e investigação e 41 trabalhos de investigação a seu crédito. Co-orientou um bolseiro de doutoramento para a atribuição do grau de doutor. Atualmente, é o PI de um projeto de investigação financiado pelo MPCST, Bhopal. Publicou também 03 livros e 07 capítulos de livros. Tem a seu crédito 02 patentes publicadas no Patent Journal of India e quatro foram registadas no India Patent Office. Apresentou trabalhos em várias conferências nacionais e internacionais. Os seus interesses de investigação incluem a microbiologia ambiental e a nanobiotecnologia. Recebeu vários prémios, como o Prémio Jovem Cientista, o Prémio de Melhor Professor, etc. Faz parte do conselho editorial e é revisor de revistas de renome e é membro vitalício de vários organismos científicos internacionais e nacionais.

O Prof. (Dr.) Raghvendra Kumar Mishra, Ph.D. é Professor no Instituto de Biotecnologia da Amity, Gwalior. Antes de ingressar na Amity University Gwalior, trabalhou no Departamento de Biotecnologia Molecular da Konkuk University, Seul, Coreia do Sul, como professor assistente e na School of life Science (SLS), JNU New Delhi, como investigador associado (RA). Fez o doutoramento no DAVV, Indore, e trabalhou no Instituto Nacional de Investigação do Genoma Vegetal (NIPGR), Nova Deli, sob a supervisão do Prof. (Dr.) Anil Kumar e a co-supervisão do Prof. (Dr.) Sushil Kumar (Cientista Sénior do INSA), NIPGR, Nova Deli. Tem mais de 21 anos de experiência de ensino e investigação. Os seus interesses de investigação incluem o melhoramento de culturas, nanopartículas e metabolitos secundários de plantas medicinais. Supervisionou um bolseiro de doutoramento e co-orientou dois bolseiros de doutoramento para a obtenção do grau de doutor em Biotecnologia e supervisiona atualmente um bolseiro de doutoramento. Completou dois projectos como Co-PI (MPCOST, Bhopal) e PI (DST-SERB TARE Scheme). Publicou 57 artigos de investigação, obteve 03 patentes nos EUA, publicou 04 no Patent Journal of India e dois foram registados no India Patent Office, publicou 02 livros e 03 capítulos de livros e participou em seminários/conferências nacionais e internacionais. É membro ativo de vários organismos científicos e revisor de revistas de renome.

O Prof. (Dr.) Rajesh Singh Tomar, M.Sc., M.Phil., Ph.D. é o Vice-Chanceler em exercício e Pró-Vice-Chanceler da Amity University Madhya Pradesh, Gwalior. Foi Vice-Chanceler da Universidade IES, Bhopal. É um académico e investigador de renome, com mais de 31 anos de experiência de ensino, investigação e administração. Antes da Universidade IES, foi Diretor/Chefe do Instituto Amity de Biotecnologia, Reitor (Ciências da Vida) e Reitor (Académico) da Universidade Amity de Madhya Pradesh, Gwalior. Foi Diretor Fundador do Campus de Amity Gwalior. Os seus interesses de investigação incluem a biotecnologia ambiental, a nanobiotecnologia, a microbiologia e a medicina herbal. Supervisionou oito bolseiros de doutoramento em Biotecnologia para obtenção do grau de doutor pela Universidade de Amity, Gwalior, e atualmente 02 bolseiros estão a fazer o doutoramento sob a sua orientação. Tem em curso dois projectos de investigação financiados pelo Conselho de Ciência e Tecnologia de Madhya Pradesh, Bhopal. Tem a seu crédito mais de 150 artigos de investigação publicados em revistas nacionais e internacionais. Foi-lhe concedida uma patente pelo Gabinete de Patentes do Governo da Índia e publicou 16 patentes no Patent Journal of India. Além disso, registou 07 patentes no Instituto de Patentes da Índia. Publicou também mais de 35 livros/capítulos de livros. Também publicou e proferiu palestras em mais de 50 seminários, simpósios, conferências e workshops nacionais e internacionais. Foi-lhe conferido o título de membro do CBEES (FCBEES), Hong Kong e FICER do JERAD, Bhopal e Fellow of Society of Life Sciences (FSLSc), Índia. Recentemente, foi-lhe conferida a Fellowship of Royal Society of Biology, Londres (Reino Unido). É membro de vários organismos científicos internacionais e nacionais e revisor e editor de revistas nacionais e internacionais.

Conteúdo

CAPÍTULO 1

Aplicações de nanopartículas verdes como agentes antioxidantes

BANCHA YINGNGAM

Departamento de Química e Tecnologia Farmacêutica, Faculdade de Farmácia

Sciences, Ubon Ratchathani University, Ubon Ratchathani 34190, Tailândia Autor correspondente: Correio eletrónico: bancha.y@ubu.ac. th

RESUMO

O papel fundamental dos antioxidantes como sequestradores de espécies reactivas de oxigénio (ROS) na proteção das células contra os danos oxidativos está bem descrito. No entanto, os antioxidantes comuns estão frequentemente sujeitos a problemas de estabilidade e biodisponibilidade. Ao longo dos anos, a nanotecnologia tem desempenhado um papel importante na geração de interesse na síntese de nanopartículas não tóxicas, que podem ser utilizadas como transportadores de fármacos ou agentes terapêuticos para resolver estes problemas. Entre elas, as "nanopartículas verdes (GNP)" são interessantes devido às suas caraterísticas generalizadas e às metodologias de síntese respeitadoras do ambiente. Os nanoantioxidantes funcionais são considerados substitutos sustentáveis com uma atividade antioxidante integrada e a capacidade de eliminar eficazmente níveis elevados de ROS. Além disso, as suas propriedades físico-químicas podem ser manipuladas para melhorar o desempenho terapêutico. O presente capítulo analisa a capacidade dos GNP e o seu papel como potenciais antioxidantes com o potencial de defesa contra doenças relacionadas com o stress oxidativo, o que pode ajudar a melhorar a saúde humana. Segue-se uma explicação do stress oxidativo - o que implica exatamente - e de como este fenómeno contribui para vários problemas de saúde, tais como doenças neurodegenerativas, doenças cardiovasculares e cancro. Este capítulo aborda vários métodos de síntese que realçam os princípios da química verde para reduzir os impactos ambientais. O autor revê os avanços mais recentes na sua potencial utilização como antioxidantes e resume os relatórios pré-clínicos/clínicos relacionados com o sistema antioxidante mediado por GNP. Além disso, neste capítulo, são abordados desafios e direcções futuras, incluindo avaliações de toxicidade e conceção de sistemas de entrega, para promover a colaboração entre diferentes áreas, a fim de acelerar a tradução clínica dos GNP. Finalmente, este capítulo destaca a promessa de utilização de GNPs como antioxidantes em aplicações biomédicas. Isto realça a sua capacidade de tratar doenças relacionadas com o stress oxidativo para facilitar o desenvolvimento de uma terapia antioxidante sustentável.

Palavras-chave: Agentes antioxidantes, Aplicações biomédicas, Nanopartículas verdes, Nanotecnologia, Stress oxidativo, Síntese sustentável, Potencial terapêutico

1. INTRODUÇÃO

Os antioxidantes são de grande importância em vários tipos de investigação biomédica porque desempenham um papel crucial na defesa das células contra os danos oxidativos, que podem resultar de espécies reactivas de oxigénio (ROS) (Koltover e Skipa, 2023). O stress oxidativo, que resulta do equilíbrio entre a produção de ROS e a defesa do organismo contra os antioxidantes, pode causar inúmeras doenças e problemas de saúde (Lin et al., 2023; Marinaccio et al., 2023; Prabha et al., 2022). Este fator fez com que a exploração e a aprendizagem dos antioxidantes e das suas possíveis implicações terapêuticas se tornassem um dos principais focos da investigação científica. Os antioxidantes funcionam reagindo com as ROS, protegendo assim as células e outras moléculas biológicas dos danos oxidativos. Este processo prejudicial é responsável por muitos problemas de saúde, desde doenças do sistema nervoso e problemas cardíacos até à inflamação e ao processo de envelhecimento. Os antioxidantes são formas promissoras de abrandar este processo e melhorar a saúde geral (Elkomy et al., 2023; Kowalczyk et al., 2021). A importância dos antioxidantes é significativa não só em termos de combate a doenças, mas também no apoio às funções celulares básicas e no apoio ao estado geral de saúde do organismo (Ferrante et al., 2022; Noguera-Navarro et al., 2023; Salem et al., 2022; Zamzuri et al., 2023). São cruciais para manter todas as funções fisiológicas do corpo no estado mais proeminente. São também um elemento essencial de uma pele saudável e brilhante porque impedem que as células sejam danificadas e ajudam a preservar o ADN da pele intacto (H. M. Liu et al., 2023). Também foram realizados estudos para determinar a possível atividade anti-envelhecimento e imunitária dos antioxidantes e os seus potenciais benefícios para o bem-estar geral (Bokharaeian et al., 2023; Li et al., 2023; Santos et al., 2023).

As nanopartículas verdes (GNP) estão a emergir como agentes antioxidantes promissores no domínio da biomedicina. Por serem derivadas de uma fonte verde conhecida como a generosidade da natureza, as GNP incluem plantas, algas e microorganismos (Perumal et al., 2022; Rahman et al., 2022; Venkatalakshmi et al., 2023). Em contraste com os agentes antioxidantes tradicionais, as GNPs têm várias caraterísticas distintas. Em primeiro lugar, as nanopartículas verdes têm actividades antioxidantes intrínsecas através das quais as espécies reactivas de oxigénio são neutralizadas de forma eficaz, não causando danos às células. Em segundo lugar, ao contrário dos agentes antioxidantes tradicionais, as nanopartículas verdes exibem estabilidade e biodisponibilidade superiores, mitigando problemas relacionados aos agentes químicos clássicos (Sa et al., 2023). Além disso, as rotas sintéticas para nanopartículas verdes foram bem estabelecidas sob os princípios da química verde devido à diminuição da toxicidade potencial dos materiais e ao aumento da relação custo-eficácia. Sa et al. forneceram informações sobre a síntese verde de nanopartículas de prata e as suas actividades antioxidantes. O facto de as nanopartículas verdes serem intrinsecamente passíveis de actividades antioxidantes preventivas e terapêuticas estimulou o desenvolvimento cada vez maior de nanopartículas verdes. Vários estudos sublinham ainda que estas nanopartículas, que são derivadas de fontes verdes da generosidade da natureza, estão abaixo da progressão da química verde (Aruna Kumari et al., 2023; Hassan e Ibrahim, 2023; L. Liu et al., 2023). Além disso, as nanopartículas verdes são notavelmente atractivas devido às suas propriedades físico-químicas sintonizáveis, como o tamanho, a forma e a química da superfície (Rahman et al., 2022). Estas propriedades podem ser perfeitamente ajustadas para aumentar a atividade antioxidante e as aplicações biomédicas destas nanopartículas. Finalmente, as nanopartículas verdes, que são derivadas de recompensas naturais, são recursos altamente renováveis e sustentáveis (Suppiah et al., 2023). Dada a quantidade crescente de resíduos e a limitação dos recursos sintéticos, estas partículas verdes são alternativas ecológicas, assegurando uma biomedicina amiga do ambiente.

O objetivo deste capítulo é descrever a utilização de GNPs como agentes antioxidantes na investigação médica e biomédica, introduzindo a sua síntese, caraterização, mecanismo de ação e aplicações. Esta investigação começa com métodos para a síntese de GNPs e técnicas para caraterizar as suas propriedades, mostrando exemplos do seu comportamento antioxidante. A secção seguinte, relativa à forma como as GNP oxidam a defesa dos auxiliares oxidativos em sistemas biológicos, elucida copiosamente o seu modo de instalação como antioxidantes e fornece uma compreensão abrangente e variada das suas acções antioxidantes. São discutidas as implicações biomédicas dos GNP, com especial destaque para o seu papel na prevenção de doenças, cicatrização de feridas, regeneração de tecidos e envelhecimento. Esta revisão também apresenta considerações de segurança, questões e preocupações de biocompatibilidade relativas à toxicidade, seguidas de um esboço de perspectivas futuras e tendências futuras neste campo vibrante. Por fim, este capítulo fornece informações sobre os papéis antioxidantes destes materiais, juntamente com ferramentas para controlar a agitação na aplicação biomédica de GNPs.

2. DEFINIÇÃO, SÍNTESE E CARACTERIZAÇÃO DOS PNB

2.1 DEFINIÇÃO DE PNB

As nanopartículas verdes são uma classe de materiais biocompatíveis à escala nanométrica que são utilizados como agentes antioxidantes e têm origem predominantemente em plantas, micróbios ou resíduos biológicos (N. T. H. Nguyen et al., 2023; Sarangi et al., 2022; Thipe et al., 2022). Com base nas propriedades antioxidantes significativas destes tipos de nanopartículas, a sua utilização é explicitamente considerada aqui. "Verde" é uma referência para abordagens de síntese amigas do ambiente, por exemplo, evitando a utilização de substâncias perigosas, o elevado consumo de energia e a criação de resíduos associados à formação de outras nanopartículas (Thipe et al., 2022). A Fig. 1 apresenta uma visão geral das principais caraterísticas das GNP, incluindo as suas implicações como agentes antioxidantes. As facetas destas partículas incluem os seus tamanhos à escala nanométrica, grandes rácios superfície/volume e natureza biológica e biodegradável, e apresentam propriedades antioxidantes mais robustas do que qualquer outro tipo de antioxidante conhecido. Além disso, são altamente eficientes, eficazes na forma como podem ser prontamente direcionados para os destinos pretendidos, estáveis e menos tóxicos do que outras substâncias antioxidantes. A figura ilustra a sua síntese ecológica, sublinhando o seu respeito pelo ambiente, e as suas implicações nos domínios biomédicos, tais como a sua utilização em tratamentos específicos, na administração de medicamentos e na bioimagem.

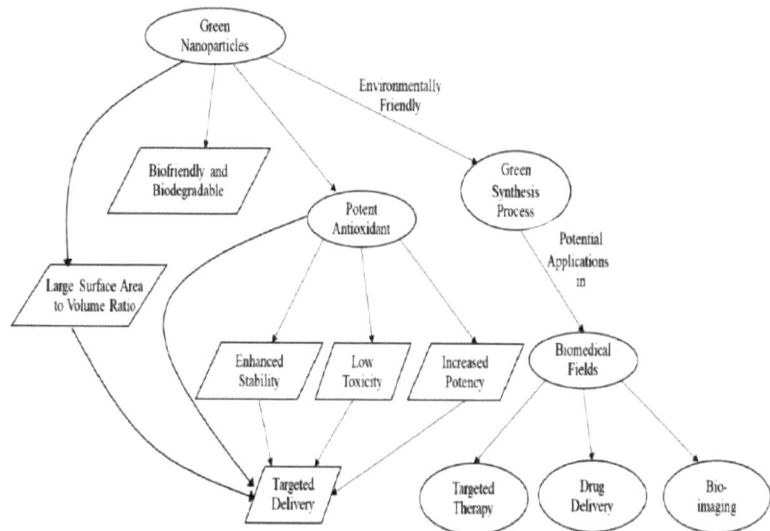

FIGURA 1 Caraterísticas principais das nanopartículas verdes como agentes antioxidantes.

Devido ao seu pequeno tamanho e ao elevado rácio superfície/volume, as PNB são capazes de neutralizar os radicais livres em organismos vivos e podem ser mais eficazes do que os antioxidantes convencionais (Erenler et al., 2023). Os radicais livres são moléculas instáveis que podem causar danos às células e, consequentemente, podem desenvolver-se doenças relacionadas com a idade e diferentes doenças crónicas, como o cancro e as doenças cardíacas (Shankar et al., 2023). A elevada atividade antioxidante destas nanopartículas reside no facto de poderem doar um eletrão ou um átomo de hidrogénio à molécula instável, estabilizando-a e prevenindo possíveis danos oxidativos (Gu et

al., 2023). Assim, as GNP não só ajudam a neutralizar os radicais livres, como também o fazem de forma mais eficaz e eficiente. Além disso, devido ao seu tamanho à escala nanométrica, as GNP podem ser utilizadas para a entrega direcionada de antioxidantes a áreas internas específicas do corpo (Sanchis-Gual et al., 2023; Sivakavinesan et al., 2022). Além disso, estas nanopartículas podem também apresentar uma maior estabilidade do que as suas contrapartes não-nanocom, o que permite que a sua atividade antioxidante seja preservada a longo prazo (Aruna Kumari et al., 2023). As GNP são também mais seguras para utilização biomédica, uma vez que são frequentemente derivadas de fontes naturais e, por conseguinte, apresentam menor toxicidade (Rokkarukala et al., 2023; Thakur et al., 2022).

2.2 GNPs VERSUS ANTIOXIDANTES TRADICIONAIS

Na sua aplicação como agentes antioxidantes, as GNP têm várias vantagens em relação aos antioxidantes convencionais (Zhang et al., 2023). A caraterística das GNP como agentes antioxidantes é a sua atividade eficaz contra as ROS; assim, as células adjacentes são protegidas do ataque radicalar (Al-Qaraleh et al., 2022). As GNP apresentam estabilidade e disponibilidade, permitindo-lhes ultrapassar as barreiras comuns peculiares aos antioxidantes tradicionais (Krishnamoorthy et al., 2023). Em particular, a estabilidade das GNPs é ampliada, levando a uma atividade sustentada como agente protetor de órgãos. Além disso, as GNPs exibem caraterísticas físico-químicas ajustáveis, como tamanho, forma e química de superfície (Rey-Mendez et al., 2022). Esta caraterística particular pode ser manipulada por um investigador para atingir o nível ótimo de ação antioxidante, o que, consequentemente, permite um mecanismo controlado do potencial terapêutico das GNP. A vantagem das PNB é a possibilidade da sua aplicação em todos os tipos de sectores biomédicos. Além disso, as técnicas empregues para a síntese de PNBs são amigas do ambiente e essas nanopartículas são derivadas de fontes renováveis; por conseguinte, este material está em conformidade com a importância crescente do bem-estar e de formas amigas do ambiente para abordar as questões ambientais (Dinesh Ram et al., 2023).

Uma comparação pormenorizada entre a utilização de GNP como agentes antioxidantes e os antioxidantes tradicionais é apresentada na Tabela 1. Existem várias razões para este tipo de comparação, incluindo a relevância global e a eficácia da sua utilização em vários domínios como compostos terapêuticos. Em primeiro lugar, a tabela mostra as diferenças entre os GNP e os antioxidantes tradicionais com base nas suas fontes. Esta comparação revelou se estes compostos são naturais ou sintéticos. Em segundo lugar, a tabela compara os seus métodos de síntese. O processo de síntese "verde" é aplicado aos GNP, enquanto os antioxidantes tradicionais são obtidos ou desenvolvidos através de outras abordagens. A informação indicada na linha seguinte diz respeito à eficiência destas substâncias, em que as GNP podem ser consideradas melhores, uma vez que a sua área de superfície é maior e tendem a induzir propriedades antioxidantes acrescidas melhor do que os antioxidantes tradicionais (Qiao et al., 2022). A estabilidade é uma caraterística necessária para qualquer agente terapêutico. As GNP e os antioxidantes tradicionais podem atuar em várias condições (Erenler e Hosaflioglu, 2023). A biodisponibilidade refere-se à capacidade do organismo para utilizar um determinado composto; assim, é também comparável à utilização de GNP e de antioxidantes tradicionais (Altaf Hussain et al., 2023; Sivakumar et al., 2023). A comparação das suas capacidades de direcionamento para tecidos e células específicos é também analisada como uma caraterística essencial para avaliar a eficiência da sua utilização para este fim. A informação relacionada com a libertação controlada também se insere na categoria de avaliação crítica (F. Zhang et al., 2023). Em seguida, a última linha aborda a questão de saber se os GNP ou os antioxidantes tradicionais são melhores para o ambiente. A tendência é tal que os produtos químicos utilizados para a síntese de GNPs podem ser mais prejudiciais para o ambiente; ao mesmo tempo, o volume necessário da substância pode ser significativamente menor se forem utilizadas GNPs (Manzoor et al., 2023). O mesmo se pode dizer dos resíduos produzidos por várias indústrias e pessoas quando se utilizam os GNP ou os antioxidantes tradicionais. O último critério é a utilização de PNBs e aplicações de antioxidantes tradicionais (Rajaram et al., 2023).

TABELA 1 Análise comparativa de nanopartículas verdes como antioxidantes e antioxidantes tradicionais.

Caraterística	**Nanopartículas verdes como agentes antioxidantes**	**Antioxidantes tradicionais**	**Referência**
Fonte	Normalmente, derivados de fontes biológicas e renováveis	Principalmente derivados de fontes naturais (frutas, legumes, etc.) e sintéticas	(Chaudhary et al., 2023; Erenler et al., 2023)
Síntese	A síntese ecológica envolve métodos amigos do ambiente com baixo impacto ambiental	A síntese tradicional pode envolver produtos químicos sintéticos e pode ter um maior impacto ambiental	(Rama et al., 2023)
Eficácia	Eficácia potencialmente mais elevada devido às caraterísticas das nanopartículas (maior área de superfície e biodisponibilidade)	A eficácia pode variar; por vezes limitada devido a problemas de biodisponibilidade e estabilidade	(Suppiah et al., 2023)
Estabilidade	As nanopartículas têm frequentemente uma maior estabilidade devido ao seu tamanho à escala nanométrica e ao seu revestimento protetor	A estabilidade pode variar; alguns antioxidantes são instáveis e degradam-se rapidamente	(ReMendez et al., 2022)
Biodisponibilidade	As nanopartículas podem melhorar a biodisponibilidade dos agentes antioxidantes	A biodisponibilidade pode ser limitada devido a uma absorção deficiente, metabolismo rápido ou eliminação rápida	(Thukral et al., 2023)
Entrega direcionada	As nanopartículas podem ser concebidas para uma entrega direcionada, reduzindo os danos potenciais para as células saudáveis	Os antioxidantes tradicionais não têm, em geral, capacidade de atuação	(Paiva-Santos et al., 2021)
Libertação controlada	As nanopartículas podem proporcionar uma libertação controlada e sustentada de antioxidantes	Os antioxidantes tradicionais podem não proporcionar uma libertação controlada, levando a níveis flutuantes	(Rizki et al., 2023)
Impacto ambiental	As GNP são geralmente consideradas mais amigas do ambiente devido aos métodos de síntese ecológicos e ao potencial de biodegradabilidade	Alguns antioxidantes sintéticos podem contribuir para a poluição ambiental	(Chouke et al., 2022)
Espectro de aplicação	Um vasto espetro de aplicações, incluindo a indústria médica, cosmética e alimentar, etc.	As aplicações podem ser mais limitadas, muitas vezes confinadas às indústrias alimentar, farmacêutica e cosmética	(Naseer et al., 2022)

2.3 métodos de síntese de gnps

A informação fornecida pode ser encontrada num estudo de revisão de Suppiah et al. (2023). Os autores reflectem sobre a síntese verde de nanopartículas, enfatizando os métodos biogénicos que empregam extractos de plantas, bactérias e fungos, e outros bioagentes para gerir a formação de GNPs. Estes autores sublinham ainda as vantagens da síntese verde, como o seu carácter ecológico, a utilização de produtos químicos não tóxicos e a baixa atividade energética, uma vez que engarrafa materiais não tóxicos e tem um baixo consumo de energia, a sua relação custo-eficácia, a utilização de matérias-primas relativamente baratas e a ausência da necessidade de adquirir peed especiais, a purificação posterior das soluções de formação e as opções de escalabilidade, incluindo a síntese em larga escala.

Num outro estudo de revisão, Chaudhary et al. (2023) apresentaram uma avaliação completa dos métodos biológicos para a síntese de nanopartículas. Os autores descrevem um protocolo que utiliza sais metálicos como precursores e extractos de plantas/microorganismos como agentes redutores. Além disso, descrevem como estes agentes redutores são utilizados para reduzir os sais metálicos e formar nanopartículas. A sua revisão não só apresenta um protocolo para esta síntese, como também menciona exemplos de plantas e microrganismos utilizados para este fim, o que significa que estes são utilizados como matérias-primas para a síntese de PNB. Assim, um protocolo para a síntese verde de nanopartículas como agentes de prevenção da oxidação começa com a escolha das matérias-primas. São normalmente escolhidas duas matérias-primas principais: um sal metálico e um agente redutor derivado de fontes naturais, como se mostra na Fig. 2. Para obter um agente redutor, são utilizados dois métodos: extração ou cultivo (N. T. H. Nguyen et al., 2023). Desta forma, a primeira e a segunda matérias-primas são misturadas sob os valores óptimos das interações entre estes dois invólucros, com vista à formação de nanopartículas no terceiro invólucro. Estes parâmetros de interação são os seguintes: temperatura, pH e concentrações óptimas dos reagentes (Sanchis-Gual et al., 2023). Em seguida, estes parâmetros de preparação das nanopartículas no terceiro invólucro são rigorosamente controlados. Após a conclusão deste processo, os produtos das interações que não conseguem interagir ou os subprodutos destas interações são removidos (Shahid ul et al., 2023). Também é possível obter a funcionalização nesta fase. A funcionalização é usada para melhorar as propriedades de uma nanopartícula e permitir que ela cumpra melhor uma aplicação funcional escolhida (Naseer et al., 2022; Sharma e Tripathi, 2022). Finalmente, estes produtos limpos ou funcionalizados são caracterizados para determinar o seu tamanho, forma e propriedades em termos de proteção contra a oxidação (Patil et al., 2023). Este produto é um produto que contém GNPs com as propriedades de um agente antioxidante. Este produto pode ser aplicado em várias esferas.

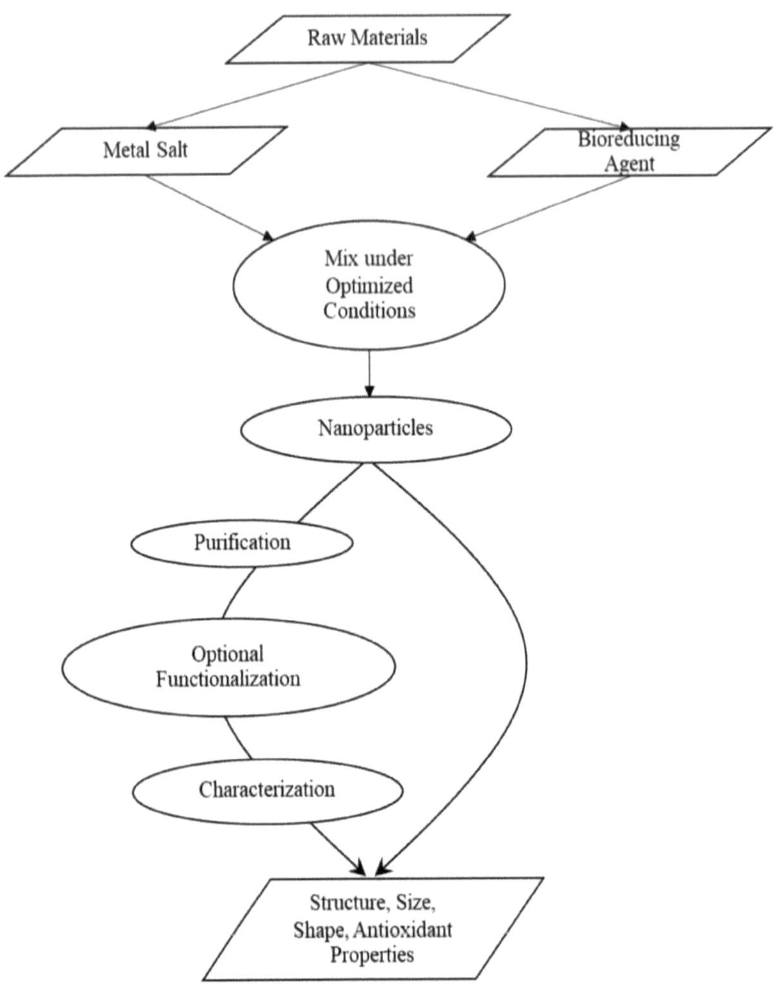

FIGURA 2 Diagrama esquemático ilustrando o processo de síntese verde de nanopartículas com propriedades antioxidantes.

Nesta secção, o autor fornece informações mais detalhadas sobre as estratégias para a síntese de GNPs. A Tabela 2 inclui a informação comparada sobre os métodos de síntese ecológica de nanopartículas. Esta informação inclui informação sobre os agentes redutores utilizados, as condições de reação necessárias e o tamanho e forma das nanopartículas obtidas com este ou aquele agente. Assim, é possível traçar o "quadro" principal das oportunidades viáveis neste domínio e escolher a técnica mais adequada de acordo com as necessidades e os objectivos da investigação. Além disso, nas secções seguintes, as técnicas de síntese ecológica são discutidas em mais pormenor.

Tabela 2 Comparação de diferentes métodos de síntese ecológica de nanopartículas.

Método de síntese	**Agentes biorredutores**	**Condições de reação**	**Tamanhos e formas típicos das nanopartículas**
Método à base de plantas	Vários extractos de plantas (por exemplo, *Aloé vera*, neem, curcuma)	Temperatura ambiente, pH neutro	5-100 nm, esférico, triangular, hexagonal
Método de base microbiana	Bactérias, leveduras, fungos (por exemplo, *Escherichia coli*, *Saccharomyces cerevisiae*, *Aspergillus* sp.)	Temperatura: 2537°C, pH neutro a ligeiramente ácido ou alcalino	10-50 nm, maioritariamente esféricos
Método à base de algas	Algas marinhas e de água doce (por exemplo, *Spirulina, Chlorella*)	Temperatura ambiente, pH ligeiramente alcalino	5-20 nm, maioritariamente esféricos
Método baseado em biopolímeros	Polissacáridos, proteínas, lípidos	Temperatura: 5080°C, pH neutro a ligeiramente ácido	50-200 nm, esférico, em forma de bastonete
Método baseado em resíduos biológicos	Resíduos agrícolas (por exemplo, casca de laranja, casca de arroz)	Temperatura: 70100°C, pH ácido	10-100 nm, várias formas consoante o material

2.3.1 SÍNTESE BIOLÓGICA

Os recursos biológicos específicos utilizados para a síntese biológica podem ser bactérias, fungos, leveduras, algas e plantas. Os GNP produzidos através de síntese de base biológica são considerados "verdes" devido à sua abordagem não tóxica, renovável, amiga do ambiente e inatamente benigna. Por exemplo, *o Bacillus licheniformis* foi utilizado no passado para sintetizar nanopartículas de prata. A espécie fúngica *Fusarium oxysporum* também foi utilizada para a síntese de nanopartículas de ouro.

2.3.1.1 Síntese à base de plantas

Um dos processos mais comuns e rudimentares para sintetizar GNPs é a técnica de síntese baseada em plantas (Kaur et al., 2023; Nguyen et al., 2023). Baseia-se em extractos de plantas, que são dilapidados em compostos bioactivos, o que os torna uma das fontes mais proficientes de agentes redutores e de capeamento disponíveis. O procedimento envolve geralmente a combinação de um extrato aquoso de plantas com uma solução de sal metálico. Esta mistura induz a redução catalítica de iões metálicos, resultando eventualmente na formação de GNP (Melkamu e Bitew, 2021). Como mencionado anteriormente, as plantas são fontes robustas de compostos bioactivos e tornaram-se um recurso fundamental na produção de PNBs (Chaudhary et al., 2023). Compostos fenólicos, flavonóides e numerosos metabolitos secundários são frequentemente encontrados em extractos de plantas, onde actuam como agentes fundamentais para processos de redução e estabilização (Kavitha et al., 2023). Existem vários métodos diferentes através dos quais as plantas podem ser utilizadas para produzir extractos para este procedimento, incluindo a extração aquosa, a extração com solventes e a extração assistida por micro-ondas e ultra-sons. Muitos estudos utilizaram estas técnicas e identificaram com êxito o seu potencial na síntese de nanopartículas. Um estudo utilizou a extração aquosa das folhas de *Hagenia abyssinica* (Bruce) J.F. Gmel num processo que resultou na síntese de nanopartículas de prata (Melkamu e Bitew, 2021). Num processo semelhante, os compostos bioactivos de *Blumea eriantha* DC foram extraídos com um solvente alcoólico e depois utilizados na produção de nanopartículas de ferro e prata (Chavan et al., 2020). Um terceiro estudo utilizou um processo de extração assistido por micro-ondas e ultra-sons em *Olea europaea* (azeitona), resultando na síntese ecológica de nanopartículas de prata a partir dos compostos extraídos (Ragunathan e K, 2022). O potencial deste método de extração em termos de processos nanotecnológicos foi confirmado em cada um destes estudos, uma vez que todos eles acabaram por conduzir à produção de GNP através de um processo de redução por amálgama de precursores do metal com o extrato, utilizando processos físicos ou químicos. A razão pela qual alguns destes exemplos optaram por trabalhar com fontes vegetais específicas prende-se com o facto de estas fontes serem ricas em terpenóides, que funcionam como agentes redutores e de cobertura (Kamarajan et al., 2022). Por exemplo, a goma *de Azadirachta indica* (Neem) é um componente comum na biossíntese de nanopartículas de dióxido de titânio e dióxido de zircónio (Korde et al., 2023). Do mesmo modo, o extrato de raiz *de Chrysopogon zizanioides* é um artigo doméstico útil para a síntese ecológica de nanopartículas de prata (Dinesh Ram et al., 2023). Deve notar-se que a espécie da planta, as partes da planta utilizadas e o método de extração são factores primordiais quando se considera o tamanho, a forma e a estabilidade das GNP (N. T. T. Nguyen et al., 2023).

O autor explicará mais pormenorizadamente o processo de preparação dos PNB com base em investigações não publicadas da sua equipa de investigação, a fim de proporcionar ao leitor uma compreensão mais integrada. O processo global é apresentado na Fig. 3. O esquema inclui os seguintes passos:

1) Seleção de material vegetal

Diferentes materiais vegetais ou diferentes partes de plantas contêm diferentes quantidades de compostos bioactivos. As plantas em que a síntese de nanopartículas foi bem descrita são a *Azadirachta indica, o Aloé vera* e *o Cymbopogon citratus.* Estas plantas são amplamente utilizadas devido à heterogeneidade dos metabolitos secundários e ao seu rico conteúdo de compostos com fortes propriedades antioxidantes.

2) Preparação de extractos de plantas

As folhas frescas da planta escolhida foram lavadas com água desionizada para remover as impurezas residuais e posteriormente secas. As matérias-primas secas são então moídas até se tornarem um pó pequeno, pesadas após a colheita da quantidade selecionada, e extraídas com um solvente aceitável. O solvente pode ser água aquosa ou álcool em diferentes concentrações, geralmente etanol ou mesmo metanol, a uma temperatura específica durante um determinado período de tempo. Foi filtrado para obter um extrato de planta com um elevado teor de compostos bioactivos responsáveis pela síntese, actuando tanto como agente redutor como agente estabilizador na síntese de nanopartículas.

3) Síntese de GNPs

Um volume selecionado de extrato de planta foi combinado com um volume fixo de uma solução de sal metálico. Como solução de um sal metálico, o solvente foi um nitrato metálico, que neste exemplo foi a prata. A reação de iões metálicos, por exemplo, prata, com compostos bioactivos de extractos de plantas leva à redução de iões de prata e a subsequente formação de GNPs começou, neste exemplo, numa solução de nitrato de prata no extrato de planta. A síntese foi efectuada à temperatura ambiente.

4) Purificação e caraterização

A reação foi controlada por espetroscopia UV-VIS num tempo pré-determinado para o aparecimento de uma solução colorida correspondente aos GNPs. Após a síntese, a suspensão de nanopartículas foi submetida a centrifugação para recolher as nanopartículas e, em seguida, os nanocompósitos foram lavados três vezes por precipitação com água destilada por centrifugação para remover os compostos que não reagiram. As GNP são normalmente caracterizadas por vários métodos. O tamanho das nanopartículas criadas por síntese em suspensão foi medido por microscopia eletrónica de transmissão (TEM). A natureza cristalina das GNP foi confirmada por difração de raios X (XRD).

5) Teste da atividade antioxidante

A substância é verificada e modernizada através de diferentes testes, por exemplo, o teste de eliminação do radical livre DPPH* (2,2-difenil-1-picrilhidrazil) e o teste de descoloração do radical catião ABTS*+ (ácido 2,2'-azino- bis[3-etilbenzotiazolina-6-

sulfónico]), que são utilizados para verificar a capacidade das PNB para neutralizar os radicais livres deletérios responsáveis pelo aparecimento de doenças e a sua capacidade de funcionar como antioxidantes.

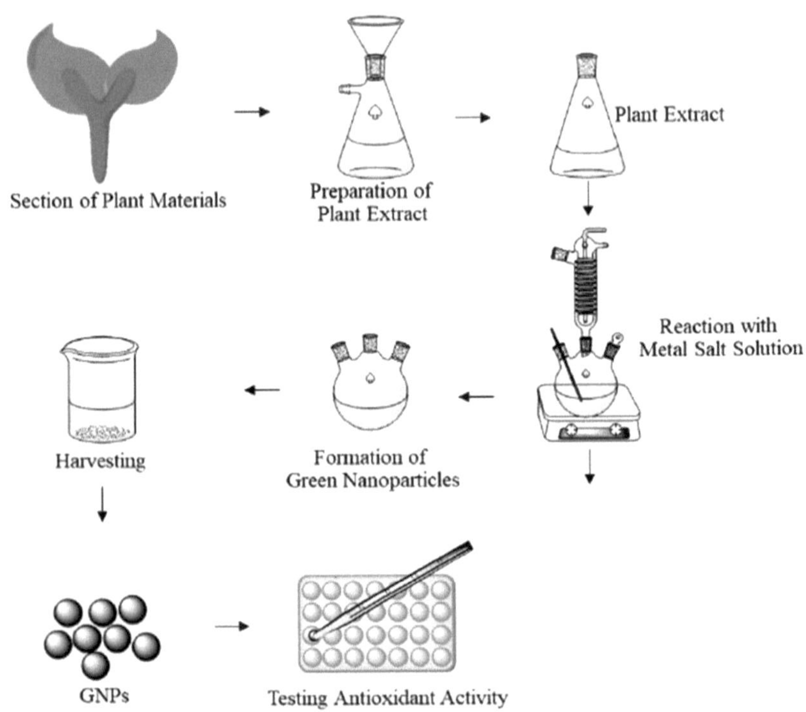

FIGURA 3 Ilustração esquemática do processo de síntese de nanopartículas verdes (GNPs) a partir de plantas.

2.3.1.2 Síntese à base de algas

As algas são uma boa fonte de biomoléculas. São redutores versáteis e estão envolvidos na produção de GNPs (F. Khan et al., 2022). Os extractos de algas contêm polissacáridos, proteínas e polifenóis. Reduzem os iões metálicos produzindo GNPs (AlNadhari et al., 2021; Chaves Filho et al., 2022; Rushdi et al., 2020). Numerosas espécies de algas foram estudadas para a síntese de GNPs em um amplo espetro de algas, incluindo algas marrons, vermelhas e verdes (Rajeshkumar et al., 2021). O processo de síntese inclui a separação de biomoléculas de algas, combinando-as lateralmente com precursores metálicos e aumentando o processo de produção, que produz GNPs (Gupta et al., 2023; Rokkarukala et al., 2023). *A Caulerpa sertularioides* é um tipo de alga verde que tem sido utilizada para sintetizar nanopartículas de prata. Os compostos que existem na alga ajudam a reduzir os iões de prata e funcionam igualmente como agentes de cobertura e estabilização dos GNP (Anjali et al., 2022).

Como se mostra na Fig. 4, a síntese de PNBs com base em algas é um processo ecológico que começa com a produção de algas. A formação de algas ocorre normalmente em tanques abertos, fotobiorreactores ou fermentadores. A biomassa de algas é reduzida, após o que os compostos bioactivos são extraídos das algas. A síntese de algas envolve uma combinação de vários compostos orgânicos e inorgânicos que podem ser extraídos através de vários métodos, tais como moagem, ultra-sons, extração com solventes e extração com fluido supercrítico. Estes compostos são misturados com uma solução de sais metálicos. Quando as moléculas biológicas são combinadas com estes sais, a reação é iniciada e as GNP começam a formar-se. As partículas são constituídas por estes sais, e exemplos destes sais incluem AgNOs e AuCf3. Durante a reação, os iões metálicos são reduzidos para formar nanopartículas. Estas partículas são estabilizadas por moléculas biológicas, que são agentes de capeamento e impedem a agregação das partículas. As GNP são recolhidas, lavadas e purificadas. Este processo de recolha e lavagem inclui a purificação por centrifugação, filtração ou secagem. O processo é amigo do ambiente e sustentável.

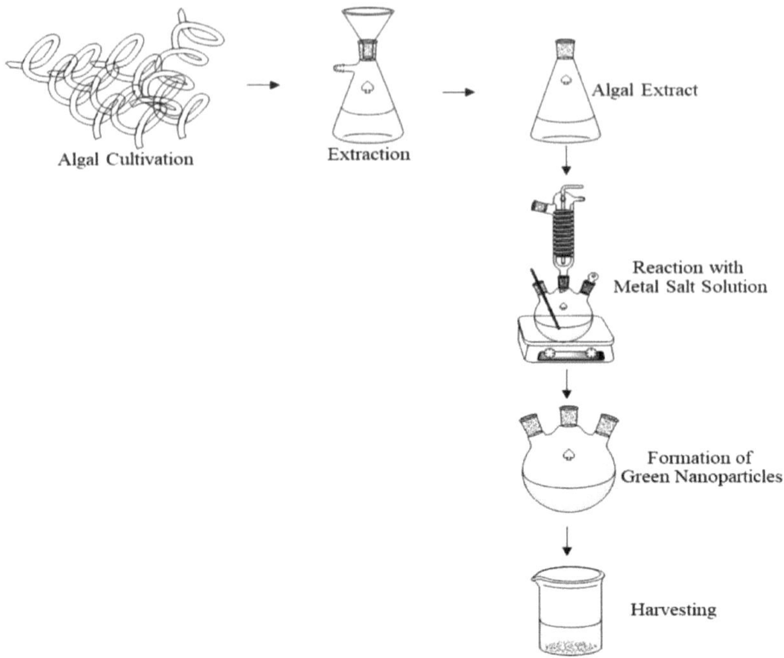

FIGURA 4 Diagrama esquemático que ilustra a síntese ecológica de GNPs (GNPs) utilizando um método baseado em algas.

2.3.1.3 Síntese de base microbiana

Os processos mediados por microrganismos envolvendo bactérias e fungos constituem um meio promissor para a síntese de nanopartículas de ouro. Estes agentes têm impacto na redução de iões metálicos para formar nanopartículas através de uma variedade de processos (Prema et al., 2022). Esta alternativa é mais complicada e demorada do que a síntese à base de plantas, mas permite um maior controlo sobre o tamanho e a morfologia das nanopartículas (J. Yang et al., 2023). Entre estes, os microrganismos, incluindo as bactérias e os fungos, revelaram um potencial significativo para estas reacções (Karthick Raja Namasivayam et al., 2023). Estes agentes microbiológicos incluem várias enzimas e proteínas que são cruciais para facilitar a redução de iões metálicos e, por conseguinte, ajudar na síntese de nanopartículas. Nesta abordagem, esses agentes microbiológicos são cultivados num meio nutriente e recebem iões metálicos adequados. Como resultado, estes iões são reduzidos, resultando na produção de nanopartículas de ouro. Em particular, factores como a temperatura, o pH e o tempo de incubação têm um impacto significativo no tamanho e na forma das nanopartículas produzidas. Algumas das estirpes bacterianas e fúngicas que apresentaram resultados positivos neste contexto são discutidas nas secções seguintes. Os investigadores utilizaram a bactéria *Bacillus altitudinis* para a síntese de nanopartículas de óxido de cobre concebidas para matar *Pseudomonas aeruginosa* em estado patogénico (Halder et al., 2022). Leveduras e fungos como *Candida lipolytica* e *Aspergillus oryzae* foram utilizados para sintetizar nanopartículas de prata e de óxido de zinco (Karthick Raja Namasivayam et al., 2023). Os impactos das condições de cultura dos agentes microbiológicos neste caso podem ser determinados pelas variações de largura e tamanho. A melhor forma de obter propriedades óptimas é garantir que as temperaturas do ambiente de síntese são baixas e que os tempos de incubação são adequadamente longos (Srividya et al., 2023).

A Fig. 5 mostra como os GNP são produzidos através de métodos de base microbiana de uma forma faseada. O primeiro passo é o cultivo de agentes microbiológicos adequados, como bactérias ou fungos, num meio nutritivo. Depois de atingida a massa necessária, estes agentes são adicionados a uma solução que contém iões metálicos, como a prata e o ouro. Através das suas actividades metabólicas, os microrganismos reduzem estes iões metálicos para formar nanopartículas metálicas. As dimensões, formas e estabilidade destas partículas podem ser optimizadas através da alteração das condições de cultura. Após a formação das partículas, estas são recuperadas e purificadas a partir do meio em que ocorre a cultura. Os produtos finais são GNPs que podem ser aplicados em estruturas que requerem a utilização de antioxidantes.

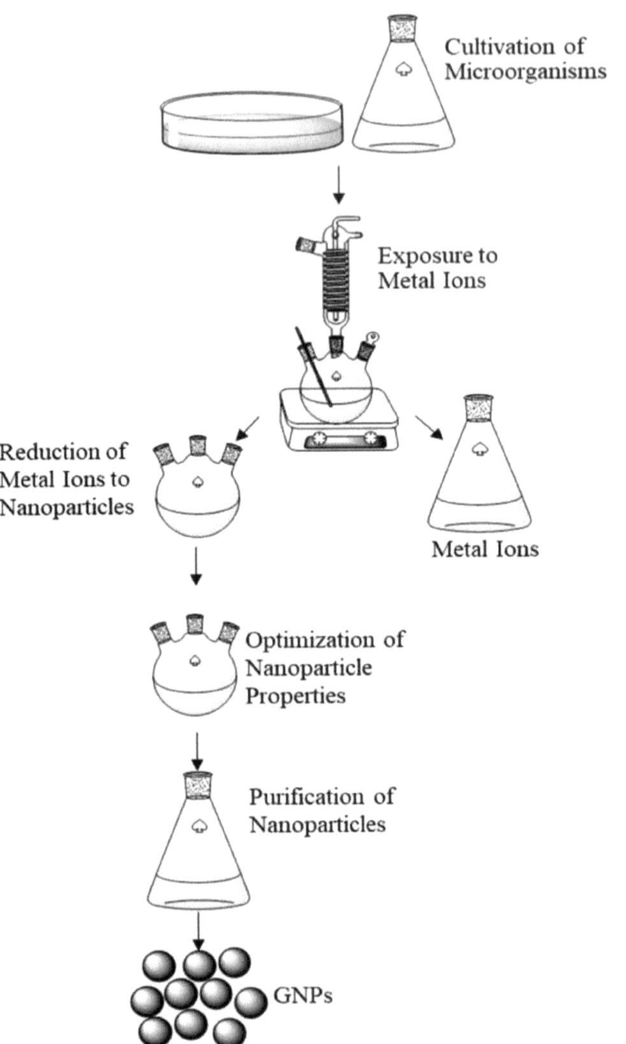

FIGURA 5 Representação esquemática da produção de nanopartículas verdes (GNP) utilizando síntese de base microbiana.

2.3.2 SÍNTESE QUÍMICA ECOLÓGICA

Para além do desenvolvimento de uma variedade de métodos para a produção de GNP, tem aumentado o interesse pela síntese química verde. Esta abordagem utiliza agentes redutores e estabilizadores ambientalmente seguros para o fabrico de nanopartículas, normalmente provenientes do mundo natural, empregando substâncias de base natural para sintetizar GNPs. Por exemplo, podem conter extractos de plantas ou comunidades microbianas (Altaf Hussain et al., 2023; F. Zhang et al., 2023). Ao eliminar substâncias perigosas para o ambiente que são amplamente utilizadas na preparação convencional de nanopartículas, este método está em conformidade com todos os princípios da química verde (Rasmiya Begum e Jayawardana, 2023). A abordagem viável da "síntese num único local" permite a redução e a estabilização de precursores metálicos, resultando em GNPs (George et al., 2023; Kasi et al., 2023; Rokkarukala et al., 2023). Em geral, este método permite a combinação destas duas etapas consecutivas e, consequentemente, aumenta a eficiência global da técnica de síntese. Vários métodos de síntese one-pot, cada um com caraterísticas específicas, são utilizados para a preparação de nanopartículas verdes.

A síntese assistida por micro-ondas é uma abordagem relativamente rápida e eficiente em termos energéticos que combina a utilização de radiação de micro-ondas com a redução de iões metálicos e a formação de GNP. Esta técnica de síntese é benéfica em termos de uniformidade de aquecimento porque a penetração de calor reduz ou diminui a perda de calor. Os cientistas sintetizaram nanopartículas de prata de uma forma assistida por micro-ondas, utilizando o extrato *de Aloé vera* como agente redutor e estabilizador (De Matteis et al., 2023). O processo de síntese sonoquímica é baseado na geração de materiais de alta energia empregando ondas ultra-sônicas, e essa abordagem é tipicamente usada no caso da síntese de nanopartículas, onde se quer controlar seu tamanho e morfologia. Além disso, os cientistas sintetizaram nanopartículas de prata usando redução sonoquímica de polifenóis de sementes de abacate e depois empregaram-nas como agentes redutores e estabilizadores (Rajkumar e Sundar, 2022). O método de síntese solvotérmica baseia-se principalmente na realização de reações em um recipiente selado a temperaturas estabelecidas acima do ponto de ebulição do solvente para criar GNPs. Além disso, esta abordagem garante condições relativamente suaves para a conversão de nanopartículas, o que torna possível regular o tamanho, a forma e a cristalinidade das nanopartículas. Por exemplo, as NPs de óxido de zinco foram sintetizadas por um método solvotérmico envolvendo acetato de zinco e um meio de etanol (Azim et al., 2022). Portanto, esses métodos de síntese de um pote permitem a produção de GNP relativamente rápida, eficiente e ecologicamente correta (Aljohani et al., 2023).

2.3.3 BIOSSÍNTESE DE GNP UTILIZANDO RESÍDUOS BIOLÓGICOS

A inovação da utilização de resíduos biológicos, incluindo cascas de fruta, folhas e borras de café usadas, para a transformação de PNBs foi objeto de uma investigação aprofundada neste capítulo. Esta abordagem fornece um procedimento ecológico para a síntese sustentável de GNPs e oferece uma solução para a gestão de resíduos (Ashrafi et al., 2023).

(1) Cascas de fruta: As cascas de fruta são uma fonte importante de compostos bioactivos, tais como antioxidantes naturais e vitaminas, e podem também funcionar como agentes redutores e de cobertura. Shahid ul et al. (2023) investigaram a biossíntese de nanopartículas de prata e ouro utilizando extractos de cascas de citrinos ricos em flavonóides de citrinos encontrados em laranjas e limões, tornando possível estabelecer um método simples e rápido. Harmansah et al. (2022) relataram que os compostos fenólicos se encontram em grande número nas cascas de banana e, com base nisso, foi realizada a síntese de GNPs com a utilização de um extrato de cascas de banana, demonstrando assim a sua importante atividade antioxidante.

(2) Folhas: Este tipo de resíduos também é utilizado para a síntese de nanopartículas. Para a síntese verde de GNPS de prata, (Herrera-Marin et al. (2023) utilizaram as folhas de uma planta conhecida como cacau ou *Theobroma cacao* L. Esta planta tem um elevado valor nutricional e terapêutico devido à presença de um grande número de compostos fenólicos, que também determinam as caraterísticas antioxidantes das GNPs obtidas.

(3) Borras de café: Em geral, as borras de café podem ser utilizadas para a biossíntese de GNPs porque contêm grandes quantidades de compostos fenólicos e cafeína. Em particular, as nanopartículas de ferro e cobre obtidas são caracterizadas por propriedades antioxidantes notáveis, que são determinadas pela presença de componentes no extrato de borra de café. Uma conclusão semelhante foi tirada por Mahmoud et al. (2021) e Gang Wang et al. (2021).

Pode concluir-se que as GNP podem ser obtidas com a utilização de materiais residuais, o que também conduz à síntese de nanopartículas com propriedades antioxidantes. As aplicações práticas em biomedicina são muito prováveis (Rani et al., 2023).

2.3.4 TÉCNICAS DE SÍNTESE DERIVADAS DA NATUREZA

A natureza fornece uma base para novos métodos de síntese que imitam os procedimentos biológicos. As abordagens derivadas da natureza ou bioinspiradas para a síntese de GNPs empregam biomoléculas, como proteínas, péptidos e ADNs, para orientar a sua formação. Estas biomoléculas servem como modelos, estabilizadores ou agentes redutores, conferindo precisão e capacidade de controlo das caraterísticas das nanopartículas. As técnicas derivadas da natureza garantem uma manipulação precisa das caraterísticas das nanopartículas, como a forma, o tamanho e outras caraterísticas, criando nanoestruturas complexas (Altaf Hussain et al., 2023).

(1) Síntese Assistida por Proteínas: Devido às estruturas complexas das proteínas e à presença de grupos funcionais, estas biomoléculas são utilizadas como agentes

redutores e estabilizadores. Por exemplo, proteínas como a ferritina actuam como materiais de armazenamento natural de ferro, libertando-o apenas nas condições necessárias. A proteína tem resistido ao teste do tempo nos métodos de síntese de GNP e tem sido utilizada como um biotemplate durante a síntese de nanopartículas de óxido de ferro. Verificou-se que estas GNP apresentam uma atividade antioxidante melhorada (Davis et al., 2020).

(2) Síntese mediada por péptidos: Como os péptidos são mais pequenos e mais fáceis de produzir do que as suas contrapartes proteicas, são bons candidatos para a síntese de nanopartículas. Alguns péptidos podem promover a ligação de iões metálicos e reduzi-los, resultando na formação de nanopartículas. Um dos péptidos mais utilizados neste contexto é o glutatião, que conduziu à síntese de nanopartículas de ouro sintetizadas. Estas NPs são caracterizadas pelas propriedades antioxidantes conferidas pelo péptido, tornando-as adequadas para diversas aplicações biomédicas (Farhadian et al., 2022).

(3) Síntese baseada no ADN: As cadeias de ADN podem automontar-se e ligar-se a nanopartículas e, por conseguinte, servir de modelo. O ADN foi anteriormente utilizado para orientar a síntese de nanopartículas de ouro, criando nanoestruturas que se distinguem por um tamanho e forma bem definidos. Estas nanopartículas também apresentam propriedades antioxidantes e são susceptíveis de serem aplicadas como agentes antioxidantes em qualquer domínio (X. Wang et al., 2022).

As técnicas de síntese, inspiradas em sistemas que ocorrem naturalmente, criam novas oportunidades para controlar com precisão as GNP. Além disso, esses métodos geram nanopartículas antioxidantes que são aplicáveis em vários domínios (Pudlarz et al., 2022).

2.4 TÉCNICAS DE CARACTERIZAÇÃO

As técnicas de caraterização desempenham um papel crucial na avaliação das propriedades e da utilidade das GNP como agentes antioxidantes. Antes de mais, ajudam a obter dados sobre as caraterísticas físico-químicas, a estabilidade, a atividade antioxidante e outras caraterísticas vitais das nanopartículas. Ao mesmo tempo, a utilização de uma vasta gama de métodos analíticos permite aos investigadores adquirir um conhecimento profundo das GNP e das suas possíveis aplicações no domínio da investigação biomédica. A presente secção aborda as principais técnicas de caraterização de GNP, que são apoiadas por diversos métodos avançados. No que diz respeito às principais caraterísticas das GNP, estas técnicas facilitam a determinação exacta de todos os parâmetros relevantes, tais como o tamanho, a forma, a carga e as propriedades da superfície, que definem de forma notória o comportamento e a eficiência das GNP para todos os fins aplicados - desde sistemas biológicos a questões relacionadas com a indústria e o ambiente. Por conseguinte, o conhecimento destes parâmetros é fundamental.

A Tabela 3 resume a informação que um investigador pode obter utilizando cada técnica, incluindo todas as variedades de métodos, tais como técnicas espectroscópicas e microscópicas, bem como procedimentos de caraterização de superfícies. Esta vasta gama de técnicas ilustra a diversidade e a riqueza das ferramentas disponíveis para a caraterização de GNPs. Além disso, os avanços no campo facilitaram a descoberta e a introdução de novas técnicas de caraterização que podem enriquecer o atual conjunto de ferramentas. Da mesma forma, em seu estudo de 2023, Perez Schmidt et al. desenvolveram uma técnica para medir o tamanho hidrodinâmico e a estabilidade das nanopartículas por meio da espetroscopia de correlação de fluorescência em condições fisiológicas (Perez Schmidt et al., 2023). Simultaneamente, no mesmo ano, Khalaf et al. (2023) introduziram um método para obter imagens de microscopia ótica não linear de GNPs em células vivas, que pode servir como uma ferramenta poderosa para monitorizar o seu comportamento em sistemas biológicos. A presente tabela também ajuda os investigadores a conhecer as especificidades de cada técnica, permitindo-lhes tomar decisões informadas sobre os métodos mais adequados para a caraterização. É fundamental garantir os dados mais precisos e relevantes, adaptando os métodos às propriedades que se pretendem medir ou confirmar nas GNP. Um nível de precisão tão elevado contribui para a fiabilidade dos resultados e a validade das conclusões.

TABELA 3 Técnicas de caraterização primária de nanopartículas verdes.

Técnica de caraterização	**Informações fornecidas**
Dispersão dinâmica da luz	Perfil de distribuição do tamanho das nanopartículas em solução, potencial zeta (carga superficial) e estabilidade das nanopartículas.
Microscopia eletrónica de varrimento	Morfologia pormenorizada e caraterísticas da superfície das nanopartículas, incluindo o tamanho e a forma.
Microscopia eletrónica de transmissão	As imagens de resolução ultra-alta fornecem informações sobre o tamanho, a forma e a estrutura interna das nanopartículas.
Espectroscopia de infravermelhos com transformada de Fourier	Informações sobre grupos funcionais, estrutura molecular e possíveis interações entre as nanopartículas e os agentes redutores.
Difração de raios X	Estrutura cristalina, identificação de fases e pureza das nanopartículas.
Espectroscopia de raios X por dispersão de energia	Composição elementar das nanopartículas, confirmando a presença do material desejado.
Espectroscopia UV-Vis	As propriedades de absorção das nanopartículas são frequentemente utilizadas para confirmar a sua síntese.
Análise termogravimétrica	Estabilidade térmica e composição das nanopartículas.

2.4.1 DISPERSÃO DINÂMICA DA LUZ

A dispersão dinâmica da luz (DLS) é um método não destrutivo utilizado para determinar o diâmetro hidrodinâmico e a distribuição do tamanho das partículas em suspensão (Navabhatra et al., 2022). Ao avaliar as flutuações na intensidade da luz dispersa pelas partículas, é possível medir o diâmetro hidrodinâmico e o índice de polidispersão dessas partículas. Além disso, a DLS ajuda a descrever o movimento browniano das nanopartículas. O movimento browniano foi quantificado pela primeira vez por Einstein em 1905, que descreveu o movimento aleatório de partículas que flutuam num fluido (Einstein, 2005). Isto deve-se aos impactos provocados pelos átomos ou moléculas de um fluido que se movem rapidamente em todas as direcções. No contexto da DLS, esta informação obtida através da avaliação do movimento browniano pode ser utilizada para quantificar e avaliar os coeficientes de difusão destas partículas. Subsequentemente, o equacionamento do coeficiente de difusão obtido fornecerá uma aproximação do tamanho das nanopartículas em análise. Esta abordagem é vantajosa porque fornece informações valiosas sobre a forma de unir ou separar as GNP, uma vez que Maitra et al. (2023) explicaram que o comportamento de agregação das GNP tem um impacto direto nas suas propriedades antioxidantes e na sua eficácia global.

Por exemplo, Omran (2023) referiu que as GNP mais estreitas tinham uma maior atividade antioxidante devido à sua maior relação superfície/volume, o que lhes permitia entrar em contacto e neutralizar uma maior concentração de radicais livres. Estes rácios e aproximações são normalmente fornecidos sob a forma de um gráfico de distribuição de intensidade, volume ou número, de acordo com os dados medidos utilizando a técnica DLS (Malvern Instruments Ltd, 2013). Esta figura mostra melhor a gama de tamanhos de GNP e o seu efeito na capacidade das partículas gravitarem e se agregarem. A relação entre o índice de polidispersidade e a distribuição de tamanhos dos GNPs é apresentada na Tabela 4. O índice de polidispersão (PDI) reflecte a uniformidade do tamanho presente na suspensão de nanopartículas. Um estudo realizado por Yingngam, Chiangsom, et al. (2019) mostrou que um PDI mais baixo sugere uma distribuição de tamanho mais uniforme ou monodispersa. Em contraste, um PDI mais alto indica uma distribuição de tamanho mais ampla ou polidispersa.

TABELA 4 Valores do índice de polidispersidade correspondentes à distribuição do tamanho das partículas das nanopartículas verdes.

Índice de polidispersão (PDI)	Interpretação da distribuição do tamanho das partículas
Inferior a 0,05	Distribuição de tamanho muito estreita (monodispersa)
Entre 0,05 e 0,7	Distribuição de tamanho relativamente uniforme
Superior a 0,7	Ampla distribuição de tamanho (polidisperso)

2.4.2 ANÁLISE DO POTENCIAL ZETA

A medição do potencial zeta fornece informações sobre a carga superficial das nanopartículas e a sua estabilidade em suspensão (Navabhatra et al., 2022). Além disso, quantifica o grau de repulsão/atração eletrostática ou de carga entre as partículas de um sistema, o que constitui uma força motriz significativa no comportamento das nanopartículas. Assim, o potencial zeta pode ser uma ferramenta preditiva para avaliar a estabilidade a longo prazo das nanopartículas coloidais. Neste caso, um potencial zeta absoluto elevado, positivo ou negativo, é frequentemente favorável, indicando uma boa estabilidade. O raciocínio por trás disso é que a repulsão eletrostática dominante tende a superar as forças de atração de van der Waals, facilitando a suspensão das partículas (Yingngam, Chiangsom, et al., 2019). Esses valores de potencial zeta são apresentados como um histograma, uma prática usada pela Malvern Panalytical (https://www.malvernpanalytical.com/) para mostrar a distribuição das cargas de superfície entre as nanopartículas, como mostrado na Figura 5. Esta visualização facilita ao observador a verificação da uniformidade desta distribuição e a especulação sobre as forças e interações em jogo no sistema líquido de nanopartículas. A Tabela 5 resume e explica as relações entre estes valores, expressos em milivolts para as GNP, e a estabilidade deste sistema. Segundo Salopek et al. (1992), valores absolutos de potencial zeta muito elevados de +30 mV ou -30 mV e superiores implicam uma suspensão altamente estável. Neste caso, a forte repulsão eletrostática impede que as partículas se agreguem em depósitos maiores. Por outro lado, valores absolutos de potencial zeta mais baixos significam um sistema líquido menos estável que provavelmente colocaria as nanopartículas em maior risco de agregação, o que poderia terminar em precipitação ou coagulação (Navabhatra et al., 2022). Assim, as medições do potencial zeta também servem um objetivo preditivo, na medida em que alertam para problemas indesejados de estabilidade coloidal no futuro e encorajam medidas preventivas.

TABELA 5 Valores de potencial zeta correspondentes à estabilidade das nanopartículas verdes.

Valor do potencial zeta (mV)	Interpretação da estabilidade
Inferior a -30 ou superior a +30	Altamente estável (agregação negligenciável)
Entre -30 e -10 ou entre + 10 e +30	Moderadamente estável (pode ocorrer alguma agregação ao longo do tempo)
Entre -10 e +10	Instável (suscetível de se agregar)

2.4.3 MICROSCOPIA ELECTRÓNICA

A microscopia eletrónica é fundamental no campo da caraterização de nanopartículas e inclui a microscopia eletrónica de varrimento (SEM) e a microscopia eletrónica de transmissão (TEM) (Yingngam, Chiangsom, et al., 2019). Esses métodos fornecem uma visão extraordinária da morfologia dos GNPs em alta resolução. O SEM é usado principalmente para explorar as propriedades da superfície dos GNPs e é usado como uma ferramenta para determinar suas caraterísticas externas (Gayathri Devi et al., 2023). Na pesquisa de K. Singh e Gupta (2023), os investigadores aplicaram o MEV para discernir a morfologia esférica e a distribuição uniforme de GNPs num substrato. Curiosamente, a MET foi utilizada para explorar ainda mais as nanopartículas, investigando a sua conformação interna para estimar o tamanho e a forma das GNP. É fundamental mencionar que as avaliações TEM dos GNPs fornecem visualização direta das nanopartículas porque os NPs são minúsculos e têm cores escuras contrastadas com um fundo mais claro (Yingngam, Chiangsom, et al., 2019). Por exemplo, Rama et al. usou fortemente o TEM para confirmar a morfologia esférica de GNPs de prata sintetizados por um método de síntese verde ecologicamente correto Rama et al. (2023). Além disso, é visível a utilização de um histograma para representar a distribuição do tamanho das partículas, em que os diâmetros das partículas são representados em função da frequência, o que mostra as gamas de tamanhos das GNP. No entanto, embora tanto a MEV como a MET forneçam representações visuais do tamanho e da forma das nanopartículas, a ênfase da MEV é colocada na morfologia das nanopartículas, ao passo que a MET permite visualizar a estrutura interna das NPs. Além disso, o MEV oferece menor resolução do que o TEM, apesar de seu uso na análise de tais partículas (Yingngam, Chiangsom, et al., 2019). Por exemplo, Yingngam, Chiangsom, et al. (2019) relataram que tanto o SEM quanto o TEM foram usados para explorar nanopartículas, mas o TEM foi usado para obter imagens de alta resolução da estrutura interna das nanopartículas.

2.4.4 ESPECTROSCOPIA DE INFRAVERMELHOS COM TRANSFORMADA DE FOURIER (FTIR)

O FTIR é uma ferramenta analítica frequentemente utilizada para analisar a composição química das nanopartículas de ouro através da deteção dos grupos funcionais presentes na superfície das nanopartículas (Sivakavinesan et al., 2022). Esta técnica funciona com base na absorção de radiação infravermelha pelas nanopartículas e na identificação das vibrações moleculares das nanopartículas. Por exemplo, o espetro de FTIR de *Cyphostemma auriculatum* Roxb. sintetizou nanopartículas de prata, como ilustrado num estudo de Mendam e Kumar Naik (2023), que incluiu fenol, álcool, alcanos e aminas, que fazem parte do agente de revestimento das nanopartículas. Os dados FTIR podem ser apresentados e utilizados sob a forma de um gráfico de transmitância versus o número de onda da absorvância. Os dados mostrarão então picos nas frequências dos modos vibracionais de cada um dos grupos funcionais. A Tabela 6 apresenta os números de onda típicos emparelhados de uma variedade de grupos funcionais nas PNB (M. K. Singh e Singh, 2022). Num outro estudo, Rokkarukala et al. (2023) utilizaram a espetroscopia FTIR para analisar as interações entre nanopartículas de ouro e compostos bioactivos derivados de *Sarcophyton crassocaule* extraídos por síntese ecológica. Estudos anteriores mostraram que os compostos bioactivos são bem sucedidos e que os seus grupos carbonilo interagem com o ouro catiónico. Em geral, a espetroscopia FTIR é uma excelente forma de determinar o comportamento das nanopartículas em conjunto com compostos bioactivos, uma vez que o papel destes últimos é fundamental para minimizar o impacto das técnicas de síntese de partículas no ambiente.

TABELA 6 Lista de números de onda típicos que correspondem aos grupos funcionais das nanopartículas verdes, determinados por espetroscopia de infravermelhos com transformada de Fourier.

Número de onda (cm)$^{-1}$	Grupo Funcional Correspondente
3300 - 3500	Estiramento O-H (grupos hidroxilo)
3000 - 3100	Estiramento N-H (grupos amina)
2850 - 2960	Estiramento C-H (grupos alcanos)
1650 - 1680	C=O Stretch (grupos carbonilo)
1500 - 1560	Estiramento N-O (grupos nitro)
1000 - 1100	Estiramento C-O (grupos éter)
600 - 750	C-Cl Estiramento (halogenetos de alquilo)

Nota: A tabela acima contém números de onda típicos para vários grupos funcionais que podem estar presentes em GNPs. No entanto, os números de onda reais podem variar ligeiramente com base no tipo específico de ligação (simples, dupla, tripla), nos átomos vizinhos e noutros factores.

Por conseguinte, é sempre importante comparar o espetro FTIR obtido com espectros de referência conhecidos e considerar o contexto geral ao interpretar os dados.

2.4.5 DIFRACÇÃO DE RAIOS X (XRD)

Este método é utilizado para analisar a estrutura cristalina e a composição de fases das GNP (K. Singh e Gupta, 2023). Ao analisar o padrão de difração de uma nanopartícula, que é gerado quando a nanopartícula é irradiada com raios X, podem ser determinados diferentes parâmetros cristalográficos, como os parâmetros de rede e o tamanho do cristal; no entanto, o mais importante é que o padrão e a intensidade dos raios X difractados podem revelar informações sobre o tamanho, a forma e a orientação dos domínios cristalinos da nanopartícula. Por exemplo, no estudo de K. Singh e Gupta (2023), a estrutura cristalina das nanopartículas de prata sintetizadas pelo método verde Prostheses op foi analisada por XRD. Os padrões de XRD confirmaram a formação bem-sucedida de GNPs cristalinas e ajudaram a obter informações sobre o tamanho e a orientação das partículas. Assim, o XRD fornece informações sobre a forma e o tamanho dos cristais. Um padrão de XRD é gerado sob a forma de intensidade versus ângulo de difração, que também é conhecido como 20.

Se a intensidade apresentar determinados picos caraterísticos num ângulo, confirma a cristalinidade das partículas e pode também ser utilizada para identificar o material (Sivakavinesan et al., 2022). Por exemplo, num estudo realizado por Abdoli et al. (2021), no qual a GNP foi gerada a partir do extrato aquoso da folha de *Centaurea behen* para sintetizar GNPs, observou-se que o padrão de XRD apresentava picos caraterísticos, indicando claramente a natureza cristalina das GNPs e as nanopartículas sintetizadas com sucesso. Assim, este estudo provou que este método analítico pode ser utilizado para garantir a cristalinidade e a pureza de fase das GNP sintetizadas de forma ecológica.

2.4.6 ESPECTROSCOPIA ULTRAVIOLETA-VISÍVEL (UV-VIS)

A espetroscopia UV-Vis é frequentemente utilizada para a análise de materiais, incluindo GNPs (Erenler et al., 2023). A técnica funciona da seguinte forma: um espetro UV-Vis mede a quantidade de luz ultravioleta ou visível que uma amostra absorve. Quando a luz passa através de uma amostra, alguns comprimentos de onda são absorvidos, excitando os electrões de um nível de energia inferior para um superior (Sinha et al., 2023). A restante luz é transmitida e a diferença de intensidade entre a luz incidente e a luz transmitida resulta na absorvância. O valor principal da espetroscopia UV-Vis na análise de GNP deriva do fenómeno de ressonância plasmónica de superfície (SPR) (Pellas et al., 2023). Os electrões livres nos GNP podem ser excitados para oscilar coletivamente na mesma frequência da luz absorvida. Podem oscilar totalmente, resultando numa superfície altamente absorvível que atinge um pico num determinado comprimento de onda. Esta ressonância é altamente dependente do tamanho, da forma e mesmo do meio dielétrico das nanopartículas (Marcondes et al., 2023). A absorção de luz da amostra é representada como um espetro, com o comprimento de onda indicado no eixo x e a absorvância no eixo y. O espetro UV-Vis das GNP inclui normalmente um pico que representa a absorvância máxima da banda SPR (Dutta et al., 2022). No caso das GNP, uma vez que a absorvância varia com o comprimento de onda da luz, a posição, a largura e a intensidade do pico podem ser utilizadas para identificar dados sobre o tamanho e a forma das nanopartículas, tal como evidenciado pela presença de agregação de nanopartículas e pelo sucesso da síntese (Laib et al., 2023). Por exemplo, um aumento do tamanho da unidade ou a agregação de partículas resultaria num desvio para o vermelho na banda SPR. Um desvio para o azul representa geralmente uma diminuição do comprimento das partículas (Marcondes et al., 2023). Assim, os investigadores podem utilizar a espetroscopia UV-Vis para monitorizar a síntese de GNPs e efetuar alterações adequadas.

2.4.7 ANÁLISE TERMOGRAVIMÉTRICA (TGA)

A TGA é um método utilizado para avaliar o comportamento térmico dos materiais, incluindo as GNP (Chakraborty et al., 2021). Basicamente, o que acontece durante o ensaio é a alteração da massa da amostra num determinado momento. Este tipo de análise pode ser realizado através do aumento da temperatura a uma taxa constante ou ao longo de uma gama de temperaturas, dependendo do tipo de instrumento de TGA. Uma mudança de temperatura é consequentemente aplicada ao material na amostra medida, que é frequentemente purgada por uma atmosfera específica (Yingngam, Kacha, et al., 2019). Normalmente, a amostra é aquecida a um ritmo constante e gradual num ambiente controlado, como árgon, azoto ou ar. Dependendo do tipo de material, durante o aquecimento, a amostra pode decompor-se, reagir com a atmosfera ou volatilizar-se. A alteração no peso da amostra é registada e continuamente traçada como uma curva em tempo real de temperatura vs. massa ou temperatura vs. tempo, também conhecida como termograma. Os termogramas são geralmente utilizados para fornecer informações sobre várias propriedades térmicas relacionadas com o comportamento da amostra. Fornece dados relativos às temperaturas de início e fim do processo de decomposição, ou seja, as temperaturas de início e fim a que a amostra começa e o processo de decomposição termina. Uma caraterística importante é a perda de peso total do material, o que significa que o material volátil e o número de fases diferentes do processo também podem ser incluídos. Todas estas caraterísticas fornecem informações críticas para inferir a estabilidade térmica dessas nanopartículas, se a amostra contém ou não materiais orgânicos ou inorgânicos e potenciais mecanismos de decomposição. No caso das GNP, a TGA pode ser utilizada para avaliar a sua estabilidade térmica e potenciais reacções de decomposição. Por exemplo,

Chakraborty et al. (2021) utilizaram a TGA para demonstrar a estabilidade das suas GNPs sintetizadas à temperatura mais elevada de 300°C. Estas são medidas críticas que podem influenciar a sua utilização como agentes antioxidantes, a sua estabilidade e as suas aplicações.

2.4.8 RESSONÂNCIA PARAMAGNÉTICA ELECTRÓNICA (EPR)

A espetroscopia EPR, também designada por espetroscopia de ressonância de spin de electrões, é um método valioso, útil para detetar e avaliar os GNP (Noukelag et al., 2023). Esta técnica é aplicada para investigar espécies com electrões não emparelhados, por exemplo, radicais livres, iões de metais de transição e anomalias em estruturas cristalinas (Nibbe et al., 2023). A espetroscopia EPR foi utilizada para avaliar a atividade de eliminação de radicais das nanopartículas. Por exemplo, as medições do espetro EPR demonstraram que, em comparação com as nanopartículas de prata sintetizadas quimicamente, as nanopartículas de prata biossintéticas tinham uma atividade de eliminação de radicais proeminente através da extinção de radicais livres (Alahdal et al., 2022). Em primeiro lugar, o sinal EPR ajuda a detetar e avaliar os electrões não emparelhados, que são uma caraterística das espécies de compostos radicais. Esta informação fornece dados sobre o grau em que as nanopartículas podem interagir com as ROS e extinguir estes radicais (Helmy et al., 2021). Por exemplo, os dados de EPR indicam que o extrato de folha de Plantago major é o mais potente de todos os extractos para a eliminação de radicais (Mohamed et al., 2021). Além disso, a espetroscopia EPR pode fornecer informações relacionadas com a natureza do átomo na superfície da nanopartícula, a interação dos electrões não emparelhados com o seu ambiente e a estabilidade das nanopartículas. Foi relatado anteriormente que a cinética de reação de radicais livres com GNPs pode ser investigada medindo os espectros resolvidos no tempo de EPR (Tapeinos, 2018). A aplicação deste instrumento permite não apenas uma melhor compreensão dos mecanismos antioxidantes, mas também a possibilidade de projetar nanopartículas mais eficazes para diferentes necessidades biomédicas.

2.5 EXEMPLOS DE GNP HABITUALMENTE UTILIZADOS COMO ANTIOXIDANTES

A secção seguinte descreve vários exemplos de materiais GNP que são normalmente utilizados como antioxidantes. Os GNP têm propriedades antioxidantes notáveis. Por conseguinte, são amplamente utilizadas em vários domínios, incluindo a biomedicina. A Tabela 7 apresenta algumas dessas nanopartículas, resumindo os dados correspondentes, ou seja, a sua síntese, propriedades e eficácia como antioxidantes. A maioria dos exemplos são vários tipos de GNP derivados de bioprodutos, em particular extractos de plantas. Estes materiais vão desde as nanopartículas à base de metais, principalmente prata e ouro, até às nanopartículas à base de biopolímeros, nomeadamente quitosano e alginato. As principais vantagens destas nanopartículas como antioxidantes estão associadas às suas propriedades intrínsecas, nomeadamente a elevada estabilidade, a biocompatibilidade e a especificidade. Para a sua síntese, a maioria dos métodos são verdes ou amigos do ambiente. Isto significa que, para produzir nanopartículas, não são utilizadas substâncias perigosas, como metais tóxicos; em vez disso, os agentes verdes e redutores são obtidos a partir de extractos de plantas, que conferem às partículas resultantes outras propriedades benéficas. Relativamente aos dados destacados, o número de propriedades que as GNP possuem é diverso e notável. Regra geral, o tamanho, a forma e as propriedades da superfície das nanopartículas dependem em grande medida do método de síntese e podem ser ajustados com precisão. Estas propriedades, por sua vez, afectam significativamente as suas propriedades antioxidantes, razão pela qual o método de síntese deve estar em conformidade com os objectivos de utilização posterior.

QUADRO 7 Panorâmica dos materiais de nanopartículas verdes habitualmente utilizados como antioxidantes.

Material de nanopartículas	**Método de síntese**	**Propriedades principais**
Nanopartículas de prata (AgNPs)	Extrato vegetal ou síntese microbiana	Elevada atividade antioxidante, ampla atividade antimicrobiana, boa condutividade, fotoestabilidade
Nanopartículas de ouro (AuNPs)	Síntese de extractos vegetais ou de biopolímeros	Biocompatibilidade, atividade catalítica, elevada área de superfície, forte absorção na região do infravermelho próximo
Nanopartículas de óxido de ferro (FesO4 NPs)	Extrato vegetal ou síntese microbiana	Propriedades magnéticas, Biodegradabilidade, Boa atividade antioxidante, Biocompatibilidade
Nanopartículas de óxido de zinco (ZnO NPs)	Síntese de extractos vegetais ou de resíduos agrícolas	Propriedades de filtragem dos raios ultravioleta, propriedades fotocatalíticas, actividades antimicrobianas e antioxidantes
Nanopartículas de cobre (CuNPs)	Extrato vegetal ou síntese microbiana	Atividade antioxidante, Atividade antimicrobiana, Condutividade eléctrica, Atividade catalítica

2.5.1 AgNPs

As AgNPs sintetizadas de forma ecológica são amplamente utilizadas devido à sua notável atividade antioxidante (Sivakumar et al., 2023). Estas nanopartículas são tipicamente preparadas com diversos extractos de plantas ou outros agentes biológicos que servem como agentes redutores e de cobertura. Em geral, estes agentes facilitam a formação de NP e proporcionam outras caraterísticas vantajosas às AgNPs. Por exemplo, as AgNPs sintetizadas com a ajuda do extrato de folhas de *Chloris barbata* mostraram uma elevada atividade de eliminação de radicais devido aos polifenóis encontrados no extrato (Aruna Kumari et al., 2023). Para além disso, estas nanopartículas têm uma forma única e uma cor verde. Resultados semelhantes foram obtidos com AgNPs preparadas com extrato de folha de *A. marmelos*, que tem fortes efeitos antioxidantes, para além de efeitos antimicrobianos (Rama et al., 2023). O potencial das AgNPs para neutralizar os radicais livres e diminuir a lesão oxidativa permite que sejam consideradas substâncias potenciais para fins terapêuticos que visam os efeitos do stress oxidativo, como a inflamação, o envelhecimento e as doenças neurodegenerativas (Hu et al., 2022).

Além disso, há questões importantes que requerem atenção e resolução adequadas. A primeira e mais importante questão é o facto de as AgNPs serem citotóxicas. Estas NPs têm fortes benefícios antioxidantes; no entanto, são capazes de induzir toxicidade adversa nas células e nos tecidos quando são utilizadas em concentrações elevadas. A libertação de iões de prata das AgNPs provoca estes efeitos adversos nas células, interferindo com os processos celulares e causando stress oxidativo (Kiani et al., 2022). Isto significa que os seus efeitos benéficos relacionados com a antioxidação podem ser contraproducentes no que diz respeito à sua toxicidade, pelo que a concentração e a utilização planeadas destes compostos devem ser determinadas de modo a maximizar os seus benefícios antioxidantes, que superarão a sua potencial citotoxicidade. O outro aspeto que pode ser melhorado é a variação considerável nos métodos de síntese das AgNPs. A síntese ecológica e barata destas nanopartículas depende de vários factores, incluindo a natureza e a concentração do extrato da planta, as condições em que a síntese ocorre e os procedimentos utilizados após a síntese, de acordo com Fan et al. (2022). Estes factores, por sua vez, afectam o tamanho, a forma e a estabilidade das NPs, e o seu impacto nas suas caraterísticas antioxidantes varia em conformidade. Portanto, é importante padronizar os procedimentos de síntese para melhorar a eficácia dessas NPs para fins antioxidantes.

2.5.2 AuNPs

Outro tipo de nanopartículas metálicas, as AuNPs sintetizadas em verde, são um grupo distinto de nanopartículas conhecidas pelas suas poderosas propriedades antioxidantes. Estão disponíveis alguns estudos sobre a síntese de *Capsicum annum, Citrus limetta* e *Hypericum perforatum,* que têm bons efeitos antioxidantes, utilizando extractos de plantas. Estas AuNPs podem neutralizar as ROS perigosas, proteger as estruturas celulares da peroxidação e até amplificar a atividade dos mecanismos naturais de proteção e adaptação para superar os efeitos nocivos, ou seja, os sistemas antioxidantes endógenos nos mamíferos (Patil et al., 2023; Rey-Mendez et al., 2022;

Sivakavinesan et al., 2022). Por exemplo, *C. annum* é um poderoso antioxidante e, em combinação com AuNPs, também possui propriedades anti-inflamatórias pronunciadas (Patil et al., 2023). A síntese de AgNPs da flor de *Canledula officinalis* também tem *uma* capacidade in vivo para reduzir o stress oxidativo e o desenvolvimento de reacções inflamatórias na miocardite induzida pela diabetes em ratos (Hao et al., 2022). As AuNPs sintetizadas em verde são biocompatíveis com tecidos de mamíferos, modificam facilmente sua superfície, melhoram suas propriedades fisiológicas e antioxidantes e fornecem novas oportunidades para a produção e uso de novas moléculas químicas funcionais ou componentes de moléculas biológicas (Naseer et al., 2022).

No entanto, a sua adoção está associada a várias desvantagens, apesar dos seus benefícios. Em primeiro lugar, o ouro é um material caro, e a síntese verde é barata; além disso, é limitada em termos de escala e custo quando utilizada em grande escala e para aplicações industriais. Além disso, outro problema na aplicação das AuNPs em termos de saúde humana e segurança ambiental é o seu impacto a longo prazo. Apesar do consenso generalizado sobre a boa biocompatibilidade das AuNPs, temos assistido a uma investigação abrangente inadequada para melhorar a nossa compreensão do impacto cumulativo a longo prazo das AuNPs e a síntese de NPs verdes com base em diversos sistemas. Além disso, as medidas para a futura deposição de AuNPs no ambiente não estão bem desenvolvidas. Por conseguinte, são necessários mais estudos sobre a síntese verde de AgNPs, que variam significativamente consoante o sistema em que a planta é sintetizada e a forma como é utilizada. Tanto as condições adequadas requerem uma produção uniforme e estável como uma composição padronizada destes materiais, e devem ser reproduzidas.

2.5.3 NANOPARTICULAS DE SELÉNIO (SeNPs)

As SeNPs demonstraram ser bons agentes antioxidantes em estudos recentes (Altaf Hussain et al., 2023). O selénio é um oligoelemento necessário que desempenha um papel vital no reforço do verdadeiro mecanismo de defesa antioxidante do organismo através da sua produção de enzimas antioxidantes. Este atributo do selénio é melhorado quando é formado à nanoescala. Consequentemente, os efeitos antioxidativos intrínsecos do selénio aumentam. Os danos na pele são altamente resistentes ao stress oxidativo, como demonstrado por Al-Qaraleh et al. (2022). Existe uma grande quantidade de relatórios sobre a síntese verde de SeNPs utilizando extractos de plantas como os de *Andrographis paniculata, Senna auriculata, Spirulina platensis* e *Zingiber officinale,* que funcionam como agentes redutores e estabilizadores (Abdel-Moneim et al., 2022; Prasathkumar et al., 2022; Thanh Huong et al., 2023). Foi demonstrado que as SeNPs formadas utilizando estes métodos têm actividades antioxidantes robustas utilizando vários modelos experimentais. Por exemplo, a atividade de eliminação in vitro destas SeNPs demonstrou um efeito significativo de eliminação do DPPH, enquanto in vivo, aumentaram a atividade da glutationa peroxidase e da superóxido dismutase, ambas enzimas antioxidantes vitais do mecanismo de defesa inerente do organismo (Prasathkumar et al., 2022). Por conseguinte, as SeNPs podem atuar como agentes antioxidantes, proporcionando uma dupla proteção antioxidante ao organismo. Existe também uma grande preocupação sobre se as SeNPs têm efeitos secundários nos seres humanos (Al-Qaraleh et al., 2022). Embora o selénio seja um oligoelemento vital, tem um perfil de segurança baixo, uma vez que a diferença entre a dose eficaz e a dose tóxica é pequena (S. Cicek e Özogul, 2021). Os dados acumulados sobre os GNP provam que, nestas formas, o selénio é mais biocompatível e menos tóxico. Por outro lado, a síntese não específica de nanopartículas é outro grande problema em que a síntese é afetada por factores como o tipo de espécie vegetal, o método de extração e as condições de reação. Esses fatores produzem SeNPs com atributos estruturais e funcionais variados, levando a diferentes capacidades antioxidantes (Jha et al., 2022). Assim, um protocolo de síntese padronizado e um processo de caraterização cuidadoso são necessários para produzir resultados fiáveis.

2.5.4 NPs de ZnO

Entre as várias soluções de nanopartículas, o ZnO está bem posicionado para contribuir para o campo devido a vários protocolos de síntese amigos do ambiente, que foram descritos devido às suas propriedades antioxidantes. O zinco é um oligoelemento essencial e serve como cofator para numerosos processos celulares, incluindo mecanismos de defesa antioxidante (Omran, 2023). As NPs de ZnO têm sido estudadas pela sua atividade de eliminação de radicais e pela sua capacidade de proteger as células do stress oxidativo. O potencial antioxidante das NPs de ZnO sintetizadas em verde geradas a partir de extratos de plantas como *Ailanthus altissima, Cyperus rotundus* e *Syzygium cumini* foi revelado em vários estudos (Arumugam et al., 2021; Omran, 2023; Shabbir Awan et al., 2023). O tratamento de NPs de ZnO *baseadas em Nyctanthes arbor-tristi* com radicais DPPH· melhorou significativamente a sua atividade antioxidante em grande medida, como confirmado num desses estudos (Rani et al., 2023). Além disso, os autores descobriram que estas nanopartículas ofereciam uma proteção notável contra a lesão oxidativa induzida por H_2O_2 em cérebros de ratos machos, como indicado por Noshy et al. (2023). A propriedade antioxidante das NPs de ZnO pode dever-se à sua capacidade de manter os estados redox celulares, bem como de aumentar os níveis de atividade da catalase, da superóxido dismutase e da glutationa peroxidase. Como enfatizado por Azarin et al., as NPs de ZnO mantêm a homeostase redox celular e aumentam a capacidade antioxidante endógena, que em conjunto fornecem uma defesa formidável contra o stress oxidativo Azarin et al. (2022).

Embora as NPs de ZnO apresentem muitos atributos, as mesmas nanopartículas também sofrem de algumas limitações que devem ser superadas. A sua citotoxicidade é uma das principais preocupações (Tettey e Shin, 2019). As células são protegidas pela atividade antioxidante das NPs de ZnO, mas o excesso de NPs de ZnO causa danos e morte celular, pelo que é fundamental encontrar uma dose razoável. Além disso, o desempenho das NPs de ZnO sintetizadas em verde pode diferir amplamente porque não existem métodos de síntese padrão. As NPs de ZnO apresentaram anteriormente diferenças significativas na sua atividade antioxidante, o que pode dever-se a diferenças nos tipos de extrato de plantas, métodos de extração ou condições de reação. A normalização dos procedimentos de síntese é necessária para obter resultados consistentes de uma experiência para outra, o que é particularmente importante em termos de teste de NPs.

2.5.5 NANOPARTÍCULAS DE ORIGEM VEGETAL

Certas nanopartículas derivadas de plantas, como as derivadas da curcumina, do resveratrol e de outros polifenóis obtidos de plantas, têm fortes propriedades antioxidantes. Estas nanopartículas combinam a atividade antioxidante intrínseca das suas moléculas de origem com caraterísticas únicas à escala nanométrica, sugerindo vantagens como uma maior estabilidade e biodisponibilidade.

- Nanopartículas *de extrato de Cratoxylum formosum*: O extrato de folhas de *C. formusom,* que é rico em polifenóis, particularmente ácido clorogénico, tem bons efeitos antioxidantes. As NPs foram preparadas a partir deste extrato utilizando a técnica de emulsão, tal como previamente relatado pelo autor e colegas. As nanopartículas resultantes foram investigadas quanto à sua atividade antioxidante e demonstraram ser eficientes na eliminação de ROS e na proteção dos fibroblastos dérmicos humanos contra danos oxidativos (Navabhatra et al., 2022).

- *Nanopartículas de curcumina:* Os rizomas *de Curcuma longa*, referidos como curcuma, têm sido sugeridos como tendo numerosas aplicações nutricionais e de saúde. Os métodos de fabrico de nanopartículas incluem a evaporação de solventes e a nanoprecipitação, que são utilizados para sintetizar nanopartículas formuladas com curcumina. A sua atividade antioxidante e a capacidade de serem carregadas com nanopartículas de curcumina podem aumentar a estabilidade e a biodisponibilidade in vivo da curcumina, assim como a sua estabilização. Entre as várias aplicações que surgiram recentemente está o potencial de certas nanopartículas para tratar doenças relacionadas com o stress oxidativo (Prathipati et al., 2021).
- *Nanopartículas de resveratrol:* O resveratrol, um composto polifenólico encontrado em plantas, incluindo uvas e bagas, é atrativo porque tem fortes propriedades antioxidantes e tem sido relatado como sendo eficaz em várias aplicações biomédicas. Os métodos de nanoprecipitação ou microemulsão são utilizados para a síntese de nanopartículas de resveratrol. Ao melhorar a solubilidade e a estabilidade do resveratrol, estas nanopartículas, por sua vez, aumentam a sua eficácia antioxidante e o seu potencial terapêutico (Ashafaq et al., 2021).

Estes são apenas alguns exemplos de materiais GNP de grupo considerável com atividade antioxidante. A escolha do material das nanopartículas depende do objetivo da sua utilização, bem como da sua biodisponibilidade (facilidade de absorção e utilização pelo organismo), estabilidade in vivo, biocompatibilidade, etc. As propriedades antioxidantes destas GNP apresentam uma nova direção para a prevenção de doenças, o tratamento e a manutenção da saúde universal no domínio das práticas biomédicas.

3. MECANISMOS DE ACÇÃO ANTIOXIDANTE

3.1 PROCESSO DE STRESS OXIDATIVO E SEU IMPACTO NOS SISTEMAS BIOLÓGICOS

O stress oxidativo é uma sensação biológica caracterizada pela desproporcionalidade entre o desenvolvimento de ERO e a capacidade do organismo para inativar estes compostos prejudiciais ou reparar os danos que daí resultam (Omran, 2023). Os ERO incluem radicais livres, como os aniões superóxido ($O_2^{\cdot -}$), os radicais hidroxilo (OH^-) e espécies não radicais, como o peróxido de hidrogénio (H_2O_2). Estes agentes são subprodutos de acções metabólicas normais, nomeadamente da cadeia de transporte de electrões mitocondrial (Alyami et al., 2022). O mecanismo do processo de stress oxidativo e o seu impacto nos sistemas biológicos estão representados na Fig. 6. A figura 6 ilustra o mecanismo do stress oxidativo e os seus efeitos nos sistemas biológicos. O organismo regula o frágil equilíbrio entre a formação e a destruição dos ERO durante os processos fisiológicos normais e facilita uma série de técnicas de defesa. Este último incorpora diferentes antioxidantes, tais como enzimas como a superóxido dismutase, a catalase e a glutationa peroxidase, e antioxidantes não enzimáticos como os polifenóis das plantas. Quando os ERO são eliminados dos tecidos celulares, estes compostos destroem-nos, impedindo as perturbações que podem produzir em resposta aos componentes celulares (Sa et al., 2023). Um vasto leque de factores, como a poluição ambiental ou as radiações, certos produtos químicos ou medicamentos, ou mesmo certas circunstâncias patológicas, provocam uma síntese excessiva de ERO. A produção excessiva destes agentes sobrecarrega frequentemente os antioxidantes do organismo, provocando um stress oxidativo (F. Zhang et al., 2023). Esta condição representa uma ameaça notável para as entidades biológicas, uma vez que o aumento dos níveis de ROS pode prejudicar a maioria dos constituintes celulares, como os lípidos, as proteínas e o ADN, e, consequentemente, impedir o seu desempenho normal. Por exemplo, a peroxidação da membrana celular pode pôr em risco a sua integridade física. Além disso, a oxidação das proteínas pode promover falhas enzimáticas, enquanto os danos no ADN podem levar a mutações genéticas, aumentando assim a suscetibilidade a todas as formas de doença, incluindo o cancro. Além disso, as ROS estão regularmente associadas a uma série de problemas de saúde, desde as doenças neurodegenerativas e cardiovasculares até à diabetes e à degenerescência macular relacionada com a idade, como evidenciado por um estudo de Zia-ur-Rehman et al. (2023).

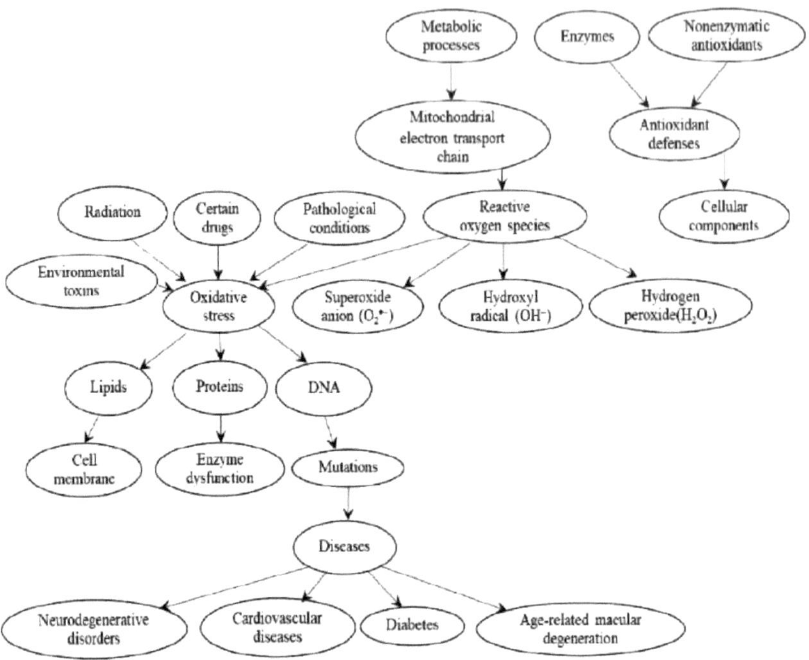

FIGURA 6 Representação esquemática do processo de stress oxidativo e do seu impacto nos sistemas biológicos.

3.2 como os gnps actuam como anti-oxidantes

As GNP têm vantagens excepcionais como agentes antioxidantes para anular o stress oxidativo. O autor e os seus colegas observaram que as GNP, que são retiradas de materiais locais cujo poder redutor é mais benéfico do que o de outros materiais, são antioxidantes (Navabhatra et al., 2022). Sabe-se que as partículas de ouro suportam agentes protectores e materiais orgânicos e transportam várias substâncias antioxidantes, flavonóides, polifenóis e fitoquímicos para a formação de terpenóides. Sa et al. estabeleceram que as GNP, que são formadas a partir do extrato de *Clitoria ternatea,* contêm polifenóis, que são eliminados por radicais como partículas antioxidantes (Sa et al., 2023). Os resultados também revelaram que as partículas de GNP que são formadas a partir de sementes *de Melia azedarach* têm atividade de oxidação devido à presença de terpenóides, polifenóis e flavonóides (Dinga et al., 2022). Em geral, o mecanismo antioxidante dos GNP envolve vários sistemas que protegem as células e previnem doenças. Por exemplo, os fitoquímicos nas GNPs são eliminados para aumentar o potencial antioxidante das partículas produzidas pela planta *Kaempferia parvflora.* Varghese et al. (2021) observaram ainda que as GNPs da mesma planta podem ter a capacidade de desativar as ROS. Nesta subsecção, o autor discutirá a forma como as GNP servem como antioxidantes e a forma como podem ser utilizadas e especificadas as aplicações biomédicas.

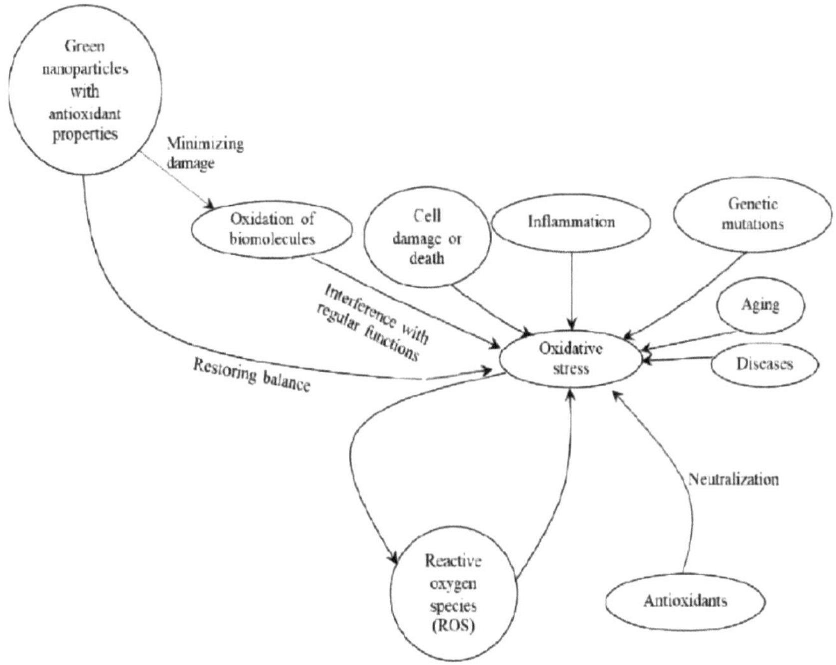

FIGURA 7 Representação esquemática de nanopartículas verdes que actuam como agentes antioxidantes, neutralizando espécies reactivas de oxigénio.

3.1.1 ACTIVIDADE DE ELIMINAÇÃO DE RADICAIS LIVRES

O principal mecanismo da atividade antioxidante dos GNP é a eliminação de radicais livres. Os radicais livres são substâncias instáveis com elevada atividade química que podem danificar as células e os tecidos vivos. Por exemplo, as nanopartículas de ouro preparadas com a planta *Reynoutria japonica* apresentam uma elevada atividade de eliminação de radicais livres, o que sugere a sua possível utilização como antioxidantes naturais (Khuda et al., 2022). As GNP podem neutralizar os radicais livres através da doação de electrões ou de hidrogénio e, consequentemente, estabilizar o produto. Este papel dos GNP é particularmente importante no contexto da redução do stress oxidativo, que é conhecido por ser um fator em muitas condições patológicas, como a doença de Alzheimer, a doença de Parkinson e o cancro (Murugan et al., 2023).

3.1.2 REACÇÃO DE REDUÇÃO-OXIDAÇÃO (REDOX)

A base teórica para a utilização de GNPs como agentes antioxidantes é o processo de redução-oxidação. As reacções redox são reacções químicas que ocorrem entre dois tipos distintos de matéria; estas reacções são conhecidas como oxidação e redução. A oxidação é o processo de perda de electrões e, ao mesmo tempo, a redução é o processo de ganho de electrões. Geralmente, nas áreas biológicas, as reacções redox são importantes para manter um equilíbrio estável nas células. No entanto, qualquer perturbação pode levar à acumulação de ROS - moléculas que contêm oxigénio - como resultado de electrões não emparelhados. Exemplos destas espécies incluem $O_2^{\cdot-}$, $OH^{\cdot}$ e H_2O_2. Quando a célula não tem capacidade suficiente para neutralizar estas espécies, as ERO estão em excesso, provocando assim um stress oxidativo. Este tipo de stress pode danificar as membranas das células e muitos dos seus componentes, incluindo proteínas, ADN e lípidos. As proteínas, os lípidos e o ADN danificados desencadeiam uma série de processos que podem causar infeção celular e suicídio celular, também conhecido como morte celular programada ou morte de células em resultado de lesão, designada por necrose (Murugan et al., 2023). As GNP funcionam como agentes antioxidantes ao interagirem com as ROS. Consequentemente, podem interagir diretamente com as ROS doando electrões gastos, neutralizando assim as ROS e reduzindo-as a uma forma menos reactiva e interagindo com as enzimas antioxidantes superóxido dismutase, catalase e glutationa peroxidase. Estas enzimas catalisam reacções redox que reduzem os ERO em menos moléculas reactivas ou não reactivas (Aththanayaka et al., 2023).

3.1.3 QUELAÇÃO DE IÕES METÁLICOS

Os iões metálicos, em particular os metais de transição, como o ferro e o cobre, podem estar entre os principais contribuintes para o stress oxidativo. Estes metais podem catalisar a produção de ROS através de determinadas reacções. Por exemplo, numa das reacções de Fenton mais prejudiciais, o ferro é convertido na sua forma (II) pelo peróxido de hidrogénio, que é um tipo de ERO (Suppiah et al., 2023). Subsequentemente, noutra reação, os radicais hidroxilo, uma forma prejudicial e altamente reactiva de ROS, são produzidos pela forma inicial acima mencionada. Portanto, a oxidação das cicatrizes pelo peróxido de hidrogénio ocorre instantaneamente, o que implica que a atividade de metais como o ferro deve ser o principal alvo para impedir a sua atividade. Assim, a quelação, um processo em que os iões metálicos se ligam a compostos específicos para produzir complexos metálicos, representa outro mecanismo vital para a redução das ROS. Este processo pode reduzir a disponibilidade de metais envolvidos em reacções do tipo Fenton e, por conseguinte, impedir que as ROS sejam consumidas e reduzir os níveis de produtos indesejados no organismo (Pan et al., 2022). As GNP podem ser quelantes eficazes de iões metálicos. Devido à sua relação superfície/volume excecionalmente desenvolvida, as nanopartículas têm uma grande área de superfície disponível para a proliferação de contacto com metais. Neste contexto, as nanopartículas de óxido metálico sintetizadas por fabrico são mais potentes devido à sua quelação de iões metálicos. Por exemplo, essas nanopartículas feitas a partir do extrato de polifenol das folhas de chá verde têm uma grande afinidade para criar ligações um tanto complexas com íons metálicos, reduzindo assim a disponibilidade de metais (Ouyang et al., 2019). Além disso, as SeNPs sintetizadas a partir do extrato de *Allium paradox* quelaram efetivamente Fe + 3 para Fe^{2+} (Alizadeh et al., 2023).

3.1.4 REGULAÇÃO POSITIVA DAS MOLÉCULAS ANTIOXIDANTES

A investigação disponível aponta para a possibilidade de as GNP poderem aumentar a expressão das enzimas antioxidantes intrínsecas do organismo através da atividade da superóxido dismutase, da catalase e da glutationa peroxidase. Y. Zhang et al. (2023) observaram esta ação das SeNPs sintetizadas através de métodos verdes. Em modelos murinos, as enzimas essenciais superóxido dismutase e catalase, que fazem parte do mecanismo do organismo para inibir os efeitos do stress oxidativo, pareceram ser mais activas na presença de nanopartículas. As GNP são também essenciais para prevenir os efeitos das ROS, como já foi referido por Gui et al. (2022). Devido ao seu efeito nos mecanismos antioxidativos inatos dos organismos, as GNP poderiam proporcionar uma proteção adicional contra o desenvolvimento de danos oxidativos. O selénio, que é um oligoelemento essencial encontrado nas SeNPs, é um antioxidante conhecido. De acordo com Jiang et al. (2022), as SeNPs sintetizadas em verde podem regular positivamente a expressão de enzimas antioxidantes. Uma revisão abrangente por Ferrari et al. (2023) relatou que a atividade de SOD e GPx aumentou nas células de levedura. Este aumento levou a uma redução da quantidade de ROS e a um aumento da sobrevivência celular quando as células foram expostas a um meio de stress oxidativo em comparação com as células não tratadas. Do mesmo modo, revelou-se que as AgNPs aumentam a atividade das enzimas antioxidantes, como a superóxido dismutase, a catalase e a glutationa peroxidase, nas células. De acordo com Wu et al. (2023), este efeito foi observado em células humanas. São essenciais para anular os radicais livres perigosos, proporcionando assim vantagens adicionais contra os danos oxidativos. As AgNPs aumentam a atividade de eliminação de ROS destas enzimas, melhorando assim a defesa das células contra danos nocivos.

As GNP exibem a mais valiosa ação antioxidante através da ativação de enzimas antioxidantes; por sua vez, provocam a neutralização das ROS, que são espécies completamente reactivas que incluem o oxigénio.

3.1.5 ACTIVIDADE ANTI-INFLAMATÓRIA

A inflamação é uma condição normalmente associada ao stress oxidativo e tende a exacerbar os danos nos tecidos. Vários estudos revelaram que os GNP apresentam uma atividade anti-inflamatória. Em particular, podem reduzir a produção de citocinas pró-inflamatórias e suprimir o desenvolvimento de vias relacionadas com a inflamação, tal como descrito por Sivakumar et al. (2023). Esta atividade contribui indiretamente para as suas propriedades antioxidantes ao impedir a produção de ROS devido à inflamação. Por exemplo, as SeNPs funcionalizadas com oligossacáridos manosilados podem afetar a resposta inflamatória através da capacidade de participação de células, como os macrófagos (Yang et al., 2022). Múltiplos estudos, como descrito por M. A. Khan et al. (2023), relataram que as NPs de ZnO sintetizadas a partir de extractos de água retirados de *Ocimum sanctum* têm potenciais efeitos anti-inflamatórios em ratos que sofrem de artrite reumatoide. A razão potencial para o seu efeito reside no facto de estas NPs tenderem a interferir com o NF-kB, um complexo proteico que desempenha um papel crítico nas respostas celulares à estimulação. Na sua forma normal e inativa, encontra-se no citoplasma e a sua ativação pode induzir a produção de citocinas pró-inflamatórias, quimiocinas e receptores celulares como o ICAM-1, bem como certas citocinas que desempenham um papel na inflamação. AuNPs sintetizados através de métodos verdes, especialmente aqueles do extrato de casca de citrulina, também foram relatados para demonstrar suas propriedades antiinflamatórias (Gao et al., 2022). Foi sugerido que essas NPs impedem a produção de óxido nítrico, uma molécula conhecida por desempenhar um papel fundamental na inflamação. Assim, as PNBs têm diversos mecanismos de ação, mostrando assim uma grande promessa para a sua potencial utilização em biomedicina. Este último, por sua vez, oferece novas oportunidades para criar abordagens terapêuticas novas e avançadas para gerir os impactos negativos do stress oxidativo.

4. aplicações biomédicas de gnps como anti-oxidantes

A aplicação biomédica destes GNP é atualmente de grande interesse, especialmente devido ao seu potencial para atuar como antioxidantes. Mais especificamente, são exploradas nesta secção diferentes aplicações de GNP como antioxidantes, no que diz respeito ao seu mecanismo de ação e efeitos terapêuticos no âmbito ou na perspetiva da nanomedicina.

4.1 DOENÇAS NEURODEGENERATIVAS

As patologias neurodegenerativas, incluindo, entre outras, as doenças de Alzheimer, de Parkinson e de Huntington, estão associadas à atrofia progressiva de numerosas estruturas neuronais. A maioria destas condições conduz ao stress oxidativo, que é uma condição fisiológica prejudicial (Hadrich et al., 2022). Tanto as investigações pré-clínicas como as clínicas sugerem que as PNB têm um enorme valor na melhoria dos danos neuronais relacionados com o stress oxidativo, em grande parte devido às suas caraterísticas antioxidantes naturais, como demonstrado por estudos científicos recentes. Guoqing Wang et al. (2023) mostraram que as AuNPs promoveram uma diminuição do stress oxidativo nas células neuronais, o que poderia atrasar a degeneração dos neurónios e aliviar a progressão da doença. Além disso, a presença de GNPs sugere a sua utilização como um sistema de entrega de agentes neuroprotectores que pode reforçar o seu papel (Ribeiro et al., 2022).

4.2 TERAPÊUTICA DO CANCRO

O stress oxidativo continua a ser um dos principais factores de controvérsia que contribui para o início e o desenvolvimento de tipos específicos de cancro. Assim, no artigo de Alyami et al. (2022), o aumento da incidência do cancro pode também ser o resultado do stress oxidativo, uma vez que esses danos no ADN provocam mutações e várias outras complicações. Tanto quanto é do conhecimento dos autores, os GNP demonstraram alguns dos melhores efeitos antioxidantes, o que significa que têm o potencial de eliminar os efeitos adversos do stress oxidativo no ADN. Sallam et al. (2022) mostraram que os GNP também diminuíram consideravelmente o nível de stress oxidativo em ratos envenenados. Devido às suas caraterísticas protectoras, este método deveria ser capaz de limitar o aparecimento e o desenvolvimento das células cancerosas, limitando assim a tumorigénese. Esta síntese implica que a redução do tamanho das partículas, que aumenta a sua superfície, intensifica os efeitos terapêuticos (Baladi et al., 2023). Adicionalmente, a biocompatibilidade e a baixa toxicidade destas nanopartículas tornam-nas promissoras para utilização na terapêutica do cancro. Por outro lado, pode ser importante ter em conta que o conhecimento neste campo está atualmente a tornar-se cada vez mais profundo, o que significa que é necessária uma investigação mais extensa para reconhecer todos os benefícios.

4.3 DOENÇAS CARDIOVASCULARES

O stress oxidativo é uma etiologia comum subjacente a diferentes patologias cardiovasculares, como a aterosclerose e a hipertensão. Além disso, existem provas diretas que ligam a aterosclerose ao stress oxidativo; por exemplo, Xiao et al. (2021) analisaram esta ligação entre outros locais patogénicos e consideraram a presença de tal correlação. Outros estudos demonstraram o papel potencial dos GNP na promoção de uma diminuição do stress oxidativo nas células endoteliais vasculares e na subsequente redução da inflamação. Estas células são indispensáveis para o normal funcionamento da vasculatura e para a preservação da saúde vascular, sendo que a sua disfunção ou dano leva ao desenvolvimento de patologias como a hipertensão (Ngernyuang et al., 2022). Por esta razão, a utilização de PNBs pode ter um impacto benéfico nas patologias cardiovasculares discutidas. Subsequentemente, podem prevenir danos vasculares e apoiar uma melhor saúde cardiovascular. Jayakodi et al. (2023) também demonstraram que as GNP são capazes de reduzir a produção de ROS nas células do endotélio exposto.

4.4 CICATRIZAÇÃO DE FERIDAS

A utilidade das GNP na cicatrização de feridas baseia-se nas suas actividades antioxidantes e antimicrobianas, que ajudam a melhorar o estado geral. Devido às suas propriedades antioxidantes, as GNP podem neutralizar o stress oxidativo nas zonas das feridas, facilitando assim a rápida regeneração dos tecidos. Em estudos efectuados por Bharali et al. (2023) e Veeraraghavan et al. (2021), as AgNPs promoveram a cicatrização de feridas, reduziram a inflamação e aboliram a reepitelização. Inibem a colonização bacteriana ao romper a membrana microbiana, o que incentiva a cicatrização.

4.4 TERAPIAS ANTI-ENVELHECIMENTO

A investigação biomédica sobre o mercado antienvelhecimento registou um crescimento significativo devido às preocupações gerais com o bem-estar e a saúde nas últimas décadas, juntamente com o aumento global da esperança de vida. O envelhecimento pode ser descrito como um processo biológico multifacetado acompanhado por uma deterioração contínua e lenta da capacidade fisiológica e funcional. Este processo é alimentado principalmente pelo stress oxidativo de longa duração e pela inflamação crónica. Uma vez que se sabe que os GNP são capazes de atuar como poderosos antioxidantes e, subsequentemente, neutralizar os radicais livres, deveriam ser capazes de reduzir o stress oxidativo que define o processo de envelhecimento. Por exemplo, um estudo de Radwan et al. (2020) mostrou que o extrato de resíduos da casca de *Eucalyptus camaldulensis* e AgNPs podem ser capazes de exibir efeitos anti-envelhecimento da pele, pois inibiram a apoptose e a senescência em células HFB4. Por outro lado, é também essencial compreender que a idade relativamente jovem dos estudos neste domínio exige uma investigação mais aprofundada, uma vez que atualmente não é seguro assumir que os riscos para a saúde, a eficácia global e os efeitos sobre as caraterísticas de saúde a longo prazo são completamente avaliados e compreendidos. Por conseguinte, mesmo que, de facto, os GNP possam servir como poderosos produtos químicos antioxidantes no sector biomédico, os seus efeitos estão longe de ser totalmente compreendidos.

Por conseguinte, embora as GNP possam indubitavelmente servir como poderosos antioxidantes no domínio biomédico, o facto acima mencionado não significa que os desafios existentes, como a biodistribuição, a toxicidade ao longo do tempo e o impacto global na saúde humana, não mereçam uma análise mais aprofundada. Existem ainda numerosas questões relativas à estabilidade biológica dos GNP que não foram tidas em consideração e que não foram objeto de uma investigação aprofundada. Até à data, há poucas certezas quanto à estabilidade dos GNP em ambientes biológicos, especificamente no sistema digestivo humano, devido ao seu ambiente ácido-alcalino e às numerosas reacções enzimáticas e não enzimáticas. Assim, embora a utilização de GNP como antioxidantes possa ser uma nova e poderosa arma no arsenal dos farmacêuticos, são ainda necessários grandes esforços de investigação para determinar a extensão total da influência e os mecanismos da sua influência no corpo humano. Por exemplo, o estudo de Erfani Majd et al. (2021) é um excelente exemplo, uma vez que examinou os mecanismos antioxidantes dos GNP a nível molecular.

5. CONSIDERAÇÕES SOBRE SEGURANÇA E TOXICIDADE

Esta secção destaca a importância das avaliações de segurança e dos principais factores de toxicidade destas nanopartículas.

5.1 avaliação da segurança dos pnb

5.1.1 BIOCOMPATIBILIDADE

A utilização das PNB é limitada pela sua biocompatibilidade. Na investigação de Polash et al. (2023), a biocompatibilidade demonstrou a necessidade de uma investigação exaustiva. Estes estudos são normalmente multidimensionais e investigam a interação das NPs com uma variedade de sistemas biológicos para revelar o impacto provável na viabilidade, funcionalidade, diferenciação e proliferação das células. Um número considerável de investigações investigou a forma como as células do corpo absorvem estas NPs. Esta absorção é vital para a função efectiva dos antioxidantes nas células. No entanto, é também definida por vários factores, que podem influenciar a eficiência do trabalho dos antioxidantes e os níveis de toxicidade associados no sistema biológico. Se o ambiente dos GNP demonstrar citotoxicidade, genotoxicidade, respostas inflamatórias e efeitos no ciclo celular, é necessária mais investigação para saber mais sobre estas interações e desenvolver formas de as atenuar ou eliminar. Por outras palavras, são essenciais estudos de biocompatibilidade altamente detalhados para reconhecer a utilidade das PNB como antioxidantes e avaliar a adequação da sua ampla utilização em biomedicina. O trabalho de Polash et al. (2023) é inestimável a este respeito e demonstra a necessidade de tal investigação.

5.1.2 RESPOSTAS IMUNOLÓGICAS

Ninsiima et al. (2023) descrevem a forma como as nanopartículas de ouro afectam o sistema imunitário, o que constitui um exemplo do efeito complexo variável dos GNP no conceito de potenciais resultados do seu impacto relacionados com a saúde. As formulações actuais de nanopartículas levam algumas células a produzir citocinas e quimiocinas, o que conduz a uma resposta inflamatória crescente. No entanto, a modulação adequada dos processos imunitários é conseguida quando a conceção e a formulação das nanopartículas orientam a resposta imunitária do organismo da fase ativa para a fase de acalmia, reduzindo assim significativamente a inflamação concomitante através de uma variedade de mecanismos. Por outro lado, dependendo da força do efeito de orientação das nanopartículas de ouro, a resposta imunitária pode também acabar por ficar fora de controlo, o que, por sua vez, resulta em efeitos adversos. A inflamação crónica agravada, as reacções de hipersensibilidade ou mesmo o desenvolvimento de doenças auto-imunes são exemplos desses efeitos adversos. Esta evidência atesta que os benefícios dos PNB altamente subsidiados, em termos das suas propriedades antioxidantes, devem harmonizar-se com as suas propriedades imunológicas potencialmente adversas, devendo esta investigação sobre a resposta imunitária conduzir ao desenvolvimento de agentes mais vantajosos e perfeitamente seguros do ponto de vista do seu impacto nos fármacos antioxidantes do sistema imunitário. É fundamental ter em conta estas respostas imunológicas no contexto da terapia antioxidante. Esta compreensão profunda dos efeitos imunológicos deste medicamento ajudará a manipular corretamente os GNP para maximizar a sua eficiência e satisfazer as suas necessidades de forma segura.

5.1.3 HEMOCOMPATIBILIDADE

Uma vez que as GNP se destinam a interagir com o sangue ou a ser administradas por via intravenosa, a hemocompatibilidade é uma caraterística crucial que deve ser abordada. Fakhri et al. (2023) referem que as interações entre estas nanopartículas e os glóbulos vermelhos, os glóbulos brancos, as plaquetas e as proteínas plasmáticas incluem, em particular, os agentes de coagulação. Além disso, foram efectuados vários testes para avaliar a hemocompatibilidade das GNP, incluindo a sua tendência para hemolisar, agregar plaquetas, interromper o processo de coagulação e iniciar a hemólise imunomediada (Khare et al., 2022). Além disso, Asadi et al. referiram que as GNP formam sempre uma "coroa proteica" quando interagem com estes componentes do sangue, e a formação dessa coroa afecta a radiação, o tempo de circulação, a absorção celular e a biodistribuição das nanopartículas e a sua deteção pelo sistema imunitário. Por conseguinte, é necessária uma avaliação pré-clínica exaustiva da hemocompatibilidade das GNP como antioxidantes. Esta avaliação ajuda a determinar os riscos potenciais existentes e a confirmar a segurança das GNP. De facto, esta avaliação contribui para a otimização das propriedades benéficas das PNBs e tenta interromper os efeitos adversos que se podem desenvolver como resultado do impacto destas nanopartículas nos componentes sanguíneos. Assim, pode concluir-se que a hemocompatibilidade é uma das caraterísticas obrigatórias que devem ser avaliadas para determinar os efeitos antioxidantes das PNBs.

5.1.4 GENOTOXICIDADE E MUTAGENICIDADE

A avaliação do potencial genotóxico e mutagénico, que se refere à capacidade de os GNP danificarem o ADN, causarem mutações ou desempenharem um papel na ocorrência de outros tipos de danos genéticos resultantes de intervenções genómicas, deve ser realizada ao mesmo tempo que se avalia a segurança da utilização de GNP como antioxidantes (Semra Qi?ek, 2023a). Apesar dos seus efeitos antioxidantes, os GNP podem ainda interagir com estruturas celulares perigosas para o ADN. Por exemplo, alguns estudos sobre nanopartículas de óxido de cobre mostraram que estas podem exercer efeitos genotóxicos induzindo ROS e, consequentemente, causando danos no ADN (Semra Qi?ek, 2023b). Por esta razão, é essencial avaliar em pormenor as actividades genotóxicas e mutagénicas das PNB. Ao mesmo tempo, esses estudos têm de ser realizados com a utilização de uma combinação de ensaios que sejam aplicados tanto in vitro como in vivo, uma vez que estes últimos são complementos essenciais dos ensaios in vitro e proporcionam uma forma mais sistémica de avaliar o potencial genotóxico. Para este efeito, os chamados modelos animais considerados adequados são geralmente fornecidos com ou sem mutações genéticas, o que torna possível detetar danos no ADN e eventos de mutação de forma mais sensível. Graças a esta abordagem, os efeitos adversos da utilização de GNP como antioxidantes podem ser avaliados de forma mais exaustiva e, por conseguinte, os riscos da sua utilização em contextos terapêuticos podem ser minimizados.

5.2 CONSIDERAÇÕES SOBRE A TOXICIDADE DAS NANOPARTÍCULAS

5.2.1 TAMANHO E PROPRIEDADES DAS PARTÍCULAS

As propriedades físicas, especificamente o tamanho e as propriedades da superfície, têm um impacto significativo na bioatividade, nas interações biológicas e na potencial toxicidade das GNP. Por exemplo, embora seja de esperar uma maior reatividade devido ao seu potencial antioxidante inerente, as nanopartículas mais pequenas podem ser mais tóxicas do que as maiores devido ao aumento da reatividade associada a uma maior relação superfície/volume (Kerin et al., 2023). Ao mesmo tempo, muitas outras propriedades, como a forma da nanopartícula, a carga da superfície, a rugosidade, a hidrofobicidade e a presença de grupos funcionais, podem ser consideradas propriedades da superfície e são susceptíveis de afetar a interface entre a superfície da PNB e o alvo biológico. Além disso, as modificações da superfície que podem melhorar a biocompatibilidade e reduzir a toxicidade estão muito provavelmente ligadas às propriedades da superfície. Por último, a estabilidade destas partículas em ambientes biológicos também pode estar relacionada com as suas propriedades de superfície; por exemplo, as proteínas de superfície podem ter um impacto na formação da "coroa proteica", e esta última tem efeitos bem documentados na estabilidade das nanopartículas, na absorção celular, na biodistribuição e na toxicidade potencial. Por conseguinte, a relação entre as propriedades das partículas e a toxicidade potencial é outro elemento importante a considerar no contexto da utilização de GNP como antioxidantes. Mais especificamente, a compreensão destas relações permite aos investigadores manipular o tamanho e as propriedades das partículas para ajustar as suas interações biológicas e tentar maximizar o seu efeito antioxidante e eliminar possíveis efeitos adversos.

5.2.2 EFEITOS DEPENDENTES DA DOSE

A concentração ou dose administrada é um fator vital relacionado com a eficácia terapêutica, bem como com a potencial toxicidade das nanopartículas, o que implica que a otimização da dose requer a máxima atenção. Por exemplo, Salehipour et al. (2023) referiram que doses elevadas e a exposição frequente a nanopartículas tendem a ter efeitos adversos. Especificamente, quantidades excessivas de nanopartículas podem ser absorvidas pelas células devido à saturação dos mecanismos de absorção celular das nanopartículas. Em consequência, as funções celulares são perturbadas à medida que a gravidade dos danos aumenta, activando vias que potenciam a indução da morte celular. Os efeitos sistémicos também são evidentes quando as nanopartículas se acumulam num órgão, resultando em danos no órgão ou toxicidade sistémica. Devido aos perigos extremos da toxicidade crónica, são necessários estudos a longo prazo sobre a acumulação de nanopartículas nos órgãos humanos para determinar os efeitos a longo prazo das nanopartículas. Os parâmetros de conceção das nanopartículas determinam frequentemente a sua toxicidade de uma forma dependente da dose, sendo o nível tóxico reduzido à medida que estes parâmetros são ajustados para otimizar a dose. Especificamente, à medida que as nanopartículas são optimizadas, a sobreavaliação e a deturpação do efeito das nanopartículas podem ser controladas. Consequentemente, o controlo dos efeitos acima referidos garantiria a aplicação segura das nanopartículas no controlo do stress oxidativo. A compreensão dos efeitos dependentes da dose permitiria o desenvolvimento de uma estratégia destinada a obter doses seguras, prevenir a toxicidade crónica e maximizar a eficácia das nanopartículas.

5.2.3 EFEITOS A LONGO PRAZO E ACUMULAÇÃO

A análise dos efeitos a longo prazo e da acumulação de GNP é de importância crucial para a compreensão das suas propriedades de segurança efectivas. Estas questões têm sido estudadas em investigações de toxicidade crónica. Os resultados destes estudos podem ser surpreendentes e frequentemente bastante desagradáveis, uma vez que alguns efeitos tóxicos só são revelados durante a exposição a longo prazo. Por exemplo, embora a exposição a nanopartículas como o óxido de zinco e possivelmente outras nanopartículas possa não ser perigosa para a saúde humana, podem também exercer efeitos antioxidantes benéficos, mas a realidade está longe de ser simples. Pode ocorrer o metabolismo ou a eliminação destas nanopartículas. Estas partículas, que são estranhas ao corpo humano e não podem ser degradadas, podem acumular-se em certos órgãos e tecidos e permitir o desenvolvimento de caraterísticas patológicas associadas. A investigação de técnicas de imagiologia ou observações macroscópicas e microscópicas de órgãos e tecidos e o exame histológico, a apreciação e a avaliação do impacto potencial da acumulação fornecem provas suficientes do perigo de acumulação, embora a exposição por um período tão prolongado seja limitada e bastante aplicável. No entanto, é de notar que as nanopartículas. registaram uma acumulação inesperada em órgãos e tecidos em resultado dos parâmetros de conceção. Estes parâmetros são conhecidos por desempenharem um papel crucial na descrição da biodistribuição e dos rácios de conceção das nanopartículas de polietileno e da sua eliminação. Isto sugere que, se a acumulação não for desejada, os critérios de conceção das nanopartículas podem ser alterados. No entanto, ao avaliar a sua segurança, a análise dos potenciais riscos ambientais, incluindo os relacionados com a acumulação, é de igual importância. Em resumo, a compreensão dos efeitos a longo prazo e da acumulação é significativa em termos da criação de PNB que sejam seguras para utilização como antioxidantes ou para a segurança humana ou ambiental.

5.2.4 IMPACTO AMBIENTAL

O impacto ambiental dos GNP é equivalente ao impacto na saúde humana. Para reduzir os danos potenciais, é necessário compreender o ciclo de vida das partículas, desde a sua origem até à decomposição. Quando sintetizadas de forma ecológica, as GNP têm poucos subprodutos que possam ser prejudiciais. No entanto, é necessária uma precaução significativa no caso dos resíduos para não evitar os efeitos ambientais que este fator pode produzir. Quando expostos a factores ambientais como o solo, a água e outros componentes, os GNP podem provocar alterações e perturbações em vários ecossistemas. Por conseguinte, os actuais esforços de sustentabilidade incluem procedimentos de reciclagem e eliminação de resíduos ou papel, bem como a monitorização regular dos efeitos ecológicos. Consequentemente, o aumento da utilização dos PNB está associado a uma tarefa necessária que acompanha qualquer uma das suas aplicações - assegurar a existência de documentação de apoio, incluindo a sustentabilidade e a compatibilidade ambiental dos PNB.

6. INVESTIGAÇÃO ACTUAL, DESAFIOS E PERSPECTIVAS FUTURAS

O campo dos GNP está continuamente a revelar o seu forte potencial biomédico, promovendo assim o aparecimento de muitos estudos de investigação substanciais e possíveis avanços. No futuro, o autor espera que haja um progresso significativo neste domínio, com várias aplicações promissoras descritas. A investigação mais recente envolvendo GNPs permite-nos prever caminhos de desenvolvimento e possíveis avanços futuros que podem ter um impacto significativo no futuro das GNPs, especialmente como agentes antioxidantes em biomedicina.

6.1 TÉCNICAS DE SÍNTESE INOVADORAS

As GNP tornaram-se recentemente um dos nanomateriais mais interessantes e positivamente estudados devido às suas múltiplas utilizações, desde o diagnóstico à terapêutica. Sem dúvida, a síntese verde é uma técnica promissora, mas para servir este objetivo, pelo menos no caso das GNP, é necessário inovar para desbloquear o potencial antioxidante de uma determinada nanopartícula.

- Progresso atual

Atualmente, uma grande quantidade de investigação centra-se na melhoria da síntese ecológica de GNP. Sem dúvida, os extractos de plantas, algas, bactérias e fungos estão na ordem do dia da produção de GNP, e há uma tendência tangível para revelar GNP com atividade antioxidante natural. Por exemplo, vários estudos recentes acompanharam a síntese eficaz de nanopartículas de prata com potencial atividade antioxidante natural, nomeadamente o extrato de folhas de *Andrographis macrobotrys* Nees. A Tabela 8 apresenta um resumo da investigação recente realizada sobre as actividades antioxidantes das PNB devido a informações relevantes, tais como o tipo de PNB em consideração, o desenho experimental e os principais resultados. Isto pode fornecer uma imagem completa do progresso nesta área que se encontra numa dinâmica permanente. Em resumo, a abordagem científica da investigação das PNBs encontra-se atualmente num elevado nível de produtividade, sendo de realçar as vantagens desta abordagem, em termos de síntese, que é a utilização de agentes redutores. Isto levou ao desenvolvimento de GNPs com potencial de aplicação versátil. É importante salientar que estes agentes carbonizaram a produção de PNBs, aumentando assim a sua viabilidade e escalabilidade, que são críticas para a aplicação desta tecnologia na produção e nos negócios. No entanto, o consumo de energia e o tempo de processamento continuam a ser um desafio (Rajaram et al., 2023).

Tabela 8 Compilação de estudos recentes que investigam a atividade antioxidante das nanopartículas verdes

Estudo	**Tipo de nanopartículas verdes**	**Métodos experimentais**	**Principais conclusões**
Mobaraki et al. (2022)	Nanopartículas de ouro sintetizadas com extrato de folha de *Nasturtium officinale*	Ensaio de eliminação do radical DPPH*, Estudos de cultura celular, Ensaio antioxidante in vivo em ratos	Observou-se uma atividade significativa de eliminação de radicais; demonstrou efeitos citoprotectores na gonadotoxicidade induzida pela ciclofosfamida em ratos
Erenler et al. (2023)	Nanopartículas de prata sintetizadas com extrato de *Stachy spectabilis*	Ensaio de eliminação de radicais ABTS*+	As nanopartículas apresentaram uma potente atividade de eliminação do radical ABTS*+
Al-Qaraleh et al. (2022)	Nanopartículas de selénio sintetizadas com extrato de *Moringa peregrina* e a sua forma conjugada de polietilenoglicol	Ensaio de deteção de ROS celular, modelo de stress oxidativo in vivo em ratos	Diminuição dos níveis de ROS nas células tratadas; melhoria dos parâmetros de stress oxidativo in vivo
F. Zhang et al. (2023)	Nanopartículas de prata sintetizadas com extrato de folhas de *Allium ampeloprasum*	Ensaio DPPH*, Estudos de cultura celular	Valores baixos de IC50 indicam uma atividade antioxidante potente; actividades anti-cancro do pulmão

- *Desafios*

Apesar do sucesso significativo que a síntese de PNB tem tido, ainda existem alguns desafios. Os elevados requisitos de energia e tempo deste processo limitam a eficiência da produção. As condições de reação otimizadas, como temperatura, pH e concentração de reagentes, necessárias para os traços de nanopartículas desejados devem ser cuidadosamente calibradas para maximizar a eficiência do processo, mantendo a relação custo-benefício e a sustentabilidade (Suppiah et al., 2023). Além disso, a busca por novos agentes redutores continuará porque, por meio dessas técnicas, seria possível gerar GNPs que alcançam melhor aplicabilidade devido a caraterísticas estreitamente definidas. Assim, poderiam ser desenvolvidas PNBs com maior efeito antioxidante. Ao mesmo tempo, as técnicas de funcionalização podem melhorar a capacidade das GNPs de serem dotadas de determinadas propriedades, alargando a sua utilização. Ao ultrapassar as desvantagens dos modelos existentes, será possível criar uma síntese sustentável e eficaz de GNPs, marcando uma nova era nas suas diversas aplicações.

- *Direcções futuras*

A síntese futura de GNP dependerá do desenvolvimento de abordagens novas e altamente eficientes, da descoberta de novos agentes redutores, de melhorias nas condições de reação e de avanços nas técnicas de funcionalização. Assim, a redução dos requisitos de tempo, custo e energia pode revolucionar a produção de GNP (Ying et al., 2022). Espera-se que novos agentes redutores ajudem a gerar GNPs com caraterísticas superiores, como um efeito antioxidante máximo. As técnicas de funcionalização de ponta poderão maximizar a aplicabilidade de PNBs dotadas de determinadas caraterísticas. Assim, o futuro das PNBs parece promissor porque existem pré-requisitos sólidos para a sua síntese sustentável, eficiente e altamente adaptável.

6.2 TERAPÊUTICAS ADAPTADAS

- *Progresso atual*

Devido às suas propriedades distintas, as GNP são nanoterapêuticas inventivas para uma variedade de doenças, nas quais o stress oxidativo desempenha um papel substancial. A investigação e a engenharia são fundamentais para o desenvolvimento de terapêuticas inovadoras, incluindo a terapia antioxidante personalizada para doenças neurodegenerativas, doenças cardiovasculares e alguns cancros (Sanchis-Gual et al., 2023). Ao adaptar as propriedades físico-químicas das GNP, torna-se viável conceber a sua administração direcionada, libertação controlada e biodisponibilidade melhorada para aumentar a eficácia, reduzir os efeitos secundários e melhorar os resultados clínicos.

- *Desafios*

Há alguns desafios a enfrentar que restringem a utilização de GNP como terapêutica adaptada. Uma questão premente é garantir que as nanopartículas de GNP são seguras, o que atualmente exige um investimento abrangente em investigação e desenvolvimento. Outras questões incluem a redução dos custos de fabrico e a mitigação do desafio de aprovações complexas e morosas através da formulação de diretrizes bem definidas para terapêuticas existentes e novas (Krishnamoorthy et al., 2023). Especificamente, o desafio técnico da entrega direcionada de GNP é minimizar os danos aos tecidos saudáveis. Para efeitos terapêuticos sustentáveis, deve ser estabelecido um sistema de libertação controlada, e a administração oral de nanopartículas necessita de uma biodisponibilidade melhorada, o que é problemático devido ao ambiente hostil do trato gastrointestinal.

- *Direcções futuras*

O futuro dos GNP como agentes terapêuticos personalizados assenta na superação destes desafios através da utilização de avanços modernos em nanotecnologia, engenharia biomédica e medicina clínica. O direcionamento destas terapêuticas permitiria adaptar as suas propriedades para obter benefícios superiores ao longo da vida em contextos clínicos (Krishnamoorthy et al., 2023). A concretização destes sistemas terapêuticos avançados só será possível através de esforços decisivos para enfrentar estes desafios. Tanto quanto é do conhecimento do autor, a perspetiva da utilização de GNPs em terapêuticas personalizadas centra-se na exploração, investigação e desenvolvimento em curso, bem como na cooperação entre os domínios científicos e médicos relevantes.

6.3 CONJUGADOS NANOPARTÍCULA-BIOMOLÉCULA

- *Estado atual*

Apesar deste otimismo, este campo é incipiente e existem desafios devido à complexidade da conceção, síntese e caraterização destes conjugados. Subsequentemente, a avaliação da estabilidade, bioatividade e segurança destes conjugados em sistemas biológicos aumenta a complexidade do seu desenvolvimento. Além disso, existem vários trade-offs que esses conjugados precisam executar em sistemas biológicos (M. Liu et al., 2023). Por exemplo, um compromisso em GNPs acopladas a péptidos ou proteínas é o equilíbrio da atividade antioxidante com a resposta antigénica dos péptidos/proteínas à sua entrega às células ou tecidos pretendidos (Ndugire et al., 2021). De um modo geral, as várias abordagens ainda se encontram em fase de exploração, sendo ainda necessário muito trabalho em investigação futura. Nesta altura, não estou à espera que estes esforços sejam bem sucedidos. Dependerá em grande medida das avaliações de investigadores específicos sobre se acreditam que é possível fazer progressos no que respeita a este desafio.

- *Desafios*

É necessário desenvolver formas de controlar a orientação, a densidade da superfície e a atividade das biomoléculas conjugadas para tornar esses conjugados verdadeiramente eficazes. Assim, a conjugação específica do local poderia preservar a funcionalidade das moléculas associadas, mas isto é bastante difícil de conseguir (Susmitha, Arya, Sundar, Maiti, & Nampoothiri, 2023). Existe também o desafio de manter sistemas conjugados estáveis em sistemas biológicos; é necessário evitar a biodegradabilidade ou a libertação prematura de biomoléculas acopladas. Além disso, as propriedades do GNP, tais como o seu tamanho, forma, propriedades biofísicas e natureza, também afectam a forma como estes sistemas são distribuídos pelo corpo, absorvidos pelas células e excretados. Por conseguinte, esta deve ser uma consideração essencial no desenvolvimento destes conjugados.

- *Perspectivas futuras*

No futuro, o desenvolvimento de conjugados nanopartícula-biomolécula poderá tornar as GNP ainda mais versáteis na biomedicina. Em última análise, poderão tornar-se as chamadas nanoplataformas que combinam caraterísticas antioxidantes, terapêuticas, de diagnóstico e outras caraterísticas aplicadas num único produto (Awais et al., 2023). Assim, a conjugação de GNPs com anticorpos poderia tornar possível a administração de medicamentos direcionados, enquanto a sua associação a agentes de imagiologia torna possível monitorizar a administração e remoção destes medicamentos em tempo real. Além disso, o rápido crescimento da bioinformática e o desenvolvimento de técnicas de elevado rendimento ajudarão a descobrir novas biomoléculas para conjugação. Assim, a medicina poderia eventualmente mudar para uma forma específica do doente, em que todos os doentes são tratados de forma diferente com base no seu perfil genético ou de doença.

6.4 NANOPLATAFORMAS MULTIFUNCIONAIS

- *Estado atual*

Na última década, o rápido desenvolvimento da nanotecnologia tornou realidade as soluções teranósticas de múltiplas abordagens quando a terapia e o diagnóstico interagem numa única plataforma. As GNP, enquanto nanoplataformas multifuncionais, têm atraído um interesse considerável, uma vez que podem atuar como antioxidantes tanto em sistemas de entrega como em ferramentas de diagnóstico. Atualmente, as GNP oferecem oportunidades fascinantes para aceder a múltiplas funcionalidades de uma única unidade. Há vários anos, verificou-se que as GNP que transportavam agentes terapêuticos apresentavam uma atividade antioxidante inerente (Erenler et al., 2023). Isto significa que uma função potencial destas plataformas pode estar relacionada com a sua resistência a várias doenças e prevenção. No entanto, o desenvolvimento de GNPs multifuncionais é complicado porque requerem um design preciso com um tamanho, forma, padrão de superfície e interações biológicas controlados.

- *Desafios*

Podem ser identificados três desafios principais no que respeita ao desenvolvimento de GNPs multifuncionais. Em primeiro lugar, o processo de síntese deve garantir a preservação das propriedades antioxidantes das GNP, que é uma de muitas outras funções. Além disso, o tamanho das GNP e as modificações da superfície são cruciais porque determinam a biodistribuição, a absorção celular e a eliminação das GNP, afectando assim a sua resposta terapêutica e de diagnóstico. A viabilidade do encapsulamento ou conjugação estável de agentes terapêuticos e de diagnóstico também deve ser considerada. O desafio final está relacionado com a incorporação de várias funções numa única plataforma, uma vez que o efeito sinérgico pode levar à toxicidade.

- *Perspectivas futuras*

Com o desenvolvimento das nanotecnologias e da ciência dos materiais, podem ser identificadas múltiplas funções das GNP. É de esperar que, no futuro, as GNP transportem vários agentes terapêuticos, permitindo uma terapia combinada. Por exemplo, uma PNB poderá conter um fármaco quimioterapêutico e um vetor de terapia genética, permitindo-lhe atacar o cancro com vários agentes (Sivakumar et al., 2023). Para fins de diagnóstico, as GNP podem conter agentes de imagiologia, que ajudam a rastrear em tempo real uma nanopartícula in vivo e a monitorizar constantemente a entrega e libertação de agentes terapêuticos (Ashikbayeva et al., 2023). As GNP inteligentes podem ser desenvolvidas com a utilização de materiais inteligentes para que possam reagir a factores específicos e alterar o seu comportamento. Por exemplo, podem libertar um agente terapêutico em resposta a alterações do pH ou da temperatura, permitindo assim uma terapia precisa.

6.5 AVALIAÇÃO APROFUNDADA DA BIOCOMPATIBILIDADE E DA SEGURANÇA

- *Estado atual*

As GNP são muito promissoras em muitas aplicações biomédicas, incluindo a sua utilização como agentes antioxidantes. No entanto, à medida que nos aproximamos das aplicações clínicas, aumentou a necessidade de uma avaliação aprofundada da segurança a longo prazo das GNP, apesar de os estudos preliminares terem mostrado sinais promissores de biocompatibilidade. Atualmente, a avaliação da biocompatibilidade e da segurança das GNP está limitada a modelos in vitro ou a estudos in vivo de curta duração. Embora estes estudos preliminares tenham fornecido informações valiosas sobre as interações das PNB com os sistemas biológicos no período inicial após a administração, apresentam uma visão muito limitada dos potenciais problemas de segurança a longo prazo e dos efeitos secundários associados à exposição crónica. Por exemplo, os estudos a curto prazo estão em desvantagem na avaliação da bioacumulação, da citotoxicidade, da genotoxicidade e da imunotoxicidade a longo prazo, bem como de quaisquer problemas reprodutivos ou de desenvolvimento. Além disso, a falta de protocolos normalizados para a avaliação da segurança significa que os métodos não são reprodutíveis e variam significativamente de um PNB para outro, produzindo simultaneamente dados de segurança tendenciosos.

- *Necessidade de uma avaliação exaustiva*

Dado que estamos a aproximar-nos da aplicação clínica, são necessários perfis de segurança abrangentes dos GNP. No entanto, são necessários mais estudos a longo prazo, incluindo modelos in vivo de toxicidade crónica, para compreender todos os potenciais efeitos a longo prazo das GNP. É necessário investigar não só o efeito pretendido do tratamento ou diagnóstico com GNP, mas também os efeitos secundários não intencionais, a acumulação em tecidos não visados, a inflamação a longo prazo e outros efeitos indesejáveis. Além disso, é necessário desenvolver e adotar protocolos de avaliação normalizados para tornar os dados de segurança dos GNP fiáveis e comparáveis entre diferentes GNP, contribuindo assim para uma melhor avaliação dos riscos e para a tomada de decisões regulamentares.

- *Direcções futuras*

No futuro, serão desenvolvidos métodos melhorados para avaliar a segurança e novos quadros regulamentares para as PNH. Modelos in vitro de próxima geração, incluindo organoides 3D e órgãos em chips, fornecerão mais dados fisiológicos sobre a interação entre HNPs e tecidos humanos (S. Liu et al., 2023). Além disso, as abordagens multiómicas, como a genómica, a proteómica e a metabolómica, ajudarão a revelar informações sobre os mecanismos moleculares das interações das PNH com os sistemas biológicos. É possível que alguns desses genes possam ser usados como marcadores de exposição ou biomarcadores precoces de exposição biológica e segurança do GNP (Virupannanavar et al., 2023). O objetivo é avaliar a segurança dos GNP em seres humanos, conceber ensaios clínicos com base em estudos pré-clínicos rigorosos e realizar ensaios clínicos para GNP enquanto monitoriza os seus perfis de segurança para avaliar a sua utilização clínica.

6.6 ORIENTAÇÕES REGULAMENTARES

- *Estado atual*

Tendo em conta a utilização crescente de GNP no domínio da biomedicina, são urgentemente necessárias orientações regulamentares. Atualmente, "não existem tais orientações regulamentares" (Ashique et al., 2022). As diretrizes globais são também importantes para promover a transferência de tecnologia e estabelecer normas globais, conforme necessário. Além disso, as diretrizes existentes sobre nanotecnologia não são necessariamente aplicáveis aos GNP, uma vez que se centram na nanotecnologia em geral e não consideram as caraterísticas específicas dos GNP (Mishra, Das, Sahoo, & Biswal, 2022). Por exemplo, a Food and Drug Administration tem diretrizes que não distinguem entre materiais convencionais e nanomateriais, incluindo os GNP (https://www.fda.gov/). Por sua vez, a Agência Europeia de Medicamentos tem diretrizes sobre nanomedicamentos, mas não tem diretrizes específicas para os GNP (https://www.ema.europa.eu/). É importante notar que certas caraterísticas biológicas dos GNP que são relevantes para o seu controlo regulamentar nem sempre estão disponíveis e não são necessariamente tidas em conta nos regulamentos existentes. Por exemplo, no mínimo, os GNP têm o potencial de bioacumulação, biodegradação e interação específica com moléculas biológicas. Por outro lado, as diretrizes existentes devem ser aplicadas especificamente aos GNP devido à sua toxicidade. Atualmente, essas diretrizes não estão confirmadas ou são bem reconhecidas.

- *Desenvolvimentos previstos nas orientações regulamentares*

O autor espera que, à medida que o conhecimento sobre os GNP se expande e que estes são mais amplamente utilizados na prática clínica, haverá diretrizes mais específicas para os GNP. Em particular, as orientações terão uma descrição mais pormenorizada e incidirão sobre a síntese, caraterização, segurança, eficácia, controlo de qualidade, utilização e eliminação. Uma regra mais específica pode exigir a utilização de métodos respeitadores do ambiente para a produção de GNP seguros para os seres humanos e outros organismos vivos. Devido aos efeitos conhecidos e possíveis dos GNP nos processos biológicos, as suas propriedades devem ser indicadas de forma clara e completa, seguindo os controlos possíveis (Ashique et al., 2022). É igualmente necessário regulamentar especificamente a sua toxicidade, uma vez que os GNP têm caraterísticas distintas e são tóxicos; além disso, devem ser regulamentadas as suas medidas de ensaio e de controlo da eficácia. A sua qualidade deve ser regulamentada para garantir a mesma ação no domínio da investigação e da prática clínica, de acordo com normas coerentes. É importante dispor de diretrizes para a eliminação dos PNB, uma vez que os conhecimentos existentes não garantem a segurança da eliminação dos PNB; além disso, devem ser tidos em conta os processos potencialmente perigosos e sujeitos a medidas de controlo específicas (Mazahir et al., 2023). É importante reconhecer que a cooperação internacional é necessária, uma vez que a investigação biomédica é um domínio global, e serão também necessárias normas globais para a transferência de informações, tecnologias e produtos (Ajaz Hussain e Beg, 2022). Em resumo, o rápido desenvolvimento de diretrizes é urgentemente necessário para garantir a segurança da utilização de PNB, fomentar a confiança do público e concretizar plenamente este campo de investigação de ragging (Bleeker et al., 2023).

6.7 IMPACTO AMBIENTAL E SUSTENTABILIDADE

- *Progresso atual*

Num mundo em rápida mudança, a pegada ambiental dos GNP e a sua sustentabilidade estão a tornar-se cada vez mais importantes. À medida que a dimensão e o âmbito das aplicações científicas aumentam, também aumenta a natureza crítica de abordar a sua apresentação (Suppiah et al., 2023). A síntese verde refere-se à síntese de nanopartículas ou à absorção de partículas biológicas de forma a utilizar procedimentos amigos do ambiente, minimizar a produção de poluição e limitar a utilização de recursos e reacções em condições moderadas (Shinde et al., 2023). Estudos recentes enfatizam a melhoria desses procedimentos para que tenham menores efeitos ambientais (N. T. H. Nguyen et al., 2023). Essas estratégias envolvem o uso de fontes renováveis (Anita et al., 2023), o que requer uma revisão dos sistemas de redução de energia (Aaga e Anshebo, 2023) e de limitação de resíduos (Debroy et al., 2023), bem como a prevenção de solventes e reagentes nocivos (Sivakumar et al., 2023).

- *Desafios*

É importante compreender melhor os resíduos ou a decomposição das nanopartículas do que a sua síntese ecológica. Além disso, é essencial investigar a forma como estas partículas interagem com diferentes componentes do ambiente e como o ecossistema se comporta (Karalija et al., 2022). Por exemplo, os estudos em que foram utilizadas nanopartículas de prata chegaram a uma série de conclusões sobre este tema (Padhye et al., 2023). Como tal, é possível considerar se é seguro reciclar estas nanopartículas e degradá-las sem permitir que o nível da sua quantidade se torne perigoso para o ambiente ou para outros objectos (Y. Yang et al., 2023).

- *Direção futura*

Uma das principais questões é a sustentabilidade e, em particular, a renovabilidade das matérias-primas, que são exploradas para o fabrico de PNB. Uma vez que se prevê um maior consumo de GNP, os esforços para garantir um abastecimento sustentável tornam-se uma prioridade (Krishnamoorthy et al., 2023). Por exemplo, com base num artigo de revisão sobre a síntese de nanopartículas de prata à base de plantas, uma forma pode ser a utilização de fontes renováveis (Pushparaj et al., 2023). É importante considerar o ciclo de vida completo das PNB, desde a síntese até à eliminação, que se caracteriza por recursos específicos e consumo de energia. A análise do ciclo de vida é conhecida como uma das ferramentas que podem ajudar a avaliar as implicações ambientais em todos os níveis de utilização dos PNB (Andrei et al., 2023). É importante que seja dada mais atenção à compreensão de como os PNBs podem ser integrados aos modelos de economia circular existentes ou emergentes, visando a reutilização e a reciclagem eficazes de produtos, a prevenção de resíduos e a reciclagem de recursos valiosos na economia. Por exemplo, o Plano de Ação para a Economia Circular da União Europeia pode ser utilizado para conceber tais soluções (Tolisano e Del Buono, 2023). No entanto, com este desenvolvimento, os regulamentos relativos à utilização de nanopartículas devem ser melhorados para garantir a segurança, a eficácia e um menor impacto ambiental negativo (Awasthi et al., 2022).

Em geral, dado o potencial que existe no mundo dos PNB, seria difícil negar que a nossa compreensão da fonte em causa contém uma variedade de utilizações mais amplas.

Além disso, é evidente que, com o número de desafios actuais e futuros que a área em questão enfrenta, navegá-los com sucesso pode ser difícil. No entanto, para proporcionar ao leitor uma melhor compreensão da situação atual no domínio do PNB, o autor criou o Quadro 9. Este último permite uma comparação entre a posição atual e as mudanças futuras no domínio em questão. Assim, a tabela pode ser vista como uma ferramenta de apoio que permite uma visão rápida do problema e da solução.

QUADRO 9 Modelo preditivo de potenciais tendências e avanços futuros no domínio das nanopartículas verdes como agentes antioxidantes

Área de incidência	**Situação atual**	**Potenciais desenvolvimentos futuros**
Técnicas de síntese	Métodos de síntese verde estabelecidos que envolvem agentes redutores de plantas, bactérias, fungos, etc.	Exploração de novos agentes redutores; otimização das condições de reação; desenvolvimento de técnicas para controlar melhor o tamanho, a forma e as propriedades da superfície das nanopartículas.
Aplicações terapêuticas	Estudos preliminares indicam o potencial antioxidante dos GNP em doenças que envolvem stress oxidativo.	Desenvolvimento de GNP como terapias antioxidantes específicas; utilização crescente em doenças como as doenças neurodegenerativas, as doenças cardiovasculares e os cancros em que o stress oxidativo desempenha um papel importante .
Conjugados nanopartícula-biomolécula	Estudos limitados sobre a conjugação de GNPs com biomoléculas para melhorar as suas funcionalidades.	Investigação aprofundada sobre a criação de conjugados nanopartículas-biomoléculas para melhorar a ação antioxidante; exploração de outras funcionalidades (por exemplo, entrega orientada, capacidades de diagnóstico).
Nanoplataformas multifuncionais	Poucos estudos sobre a combinação da ação antioxidante com outras funções terapêuticas ou de diagnóstico.	Desenvolvimento de GNP multifuncionais que possam fornecer uma solução abrangente para doenças complexas; uma combinação de acções antioxidantes, anti-inflamatórias e outras numa única plataforma.
Avaliação da biocompatibilidade e da segurança	Estudos iniciais in vitro e in vivo mostram uma boa biocompatibilidade das GNP.	Estudos exaustivos de segurança a longo prazo em modelos animais avançados e, eventualmente, em seres humanos; desenvolvimento de protocolos normalizados para a avaliação da segurança dos GNP.
Orientações regulamentares	Existem diretrizes limitadas para a utilização de GNP em aplicações biomédicas.	Desenvolvimento de orientações regulamentares sólidas para o fabrico, utilização e eliminação de GNP em aplicações biomédicas, tendo em conta as suas propriedades únicas.

Impacto ambiental e sustentabilidade	Baseia-se na síntese ecológica de nanopartículas, assegurando um impacto ambiental mínimo e uma utilização eficiente dos recursos.	Os futuros desenvolvimentos têm como objetivo uma compreensão abrangente do impacto ambiental dos GNP ao longo do seu ciclo de vida. A tónica será colocada no aprovisionamento sustentável de matérias-primas, na conservação de energia, na redução de resíduos e na utilização de ferramentas de análise do ciclo de vida. Além disso, prevê-se a integração dos GNP em modelos de economia circular e a adaptação de diretrizes regulamentares para minimizar o impacto ambiental.

7. CONCLUSÃO E ÂMBITO FUTURO

Este capítulo analisa as aplicações biomédicas dos GNP, nomeadamente como antioxidantes. Estas qualidades únicas tornam-nas resistentes ao stress oxidativo. Estes efeitos nocivos do stress oxidativo afectam a sinalização celular, a modificação biomolecular e os subsistemas biológicos. Conseguem-no através da eliminação de radicais livres e de funções miméticas de enzimas e actuam como quelantes de iões metálicos que estimulam a atividade de defesa antioxidante endógena. Têm também propriedades anti-inflamatórias e podem regenerar moléculas antioxidantes. Por conseguinte, a sua defesa antioxidante global tem o potencial de prevenir e aliviar patologias relacionadas com o stress oxidativo, tais como doenças cardiovasculares, doenças neurodegenerativas, cancro e processos fisiológicos como o envelhecimento. No futuro, embora ainda se aguarde mais investigação neste domínio, a utilização de GNP em aplicações biomédicas é promissora. É muito importante desenvolver melhores métodos de síntese, estabilidade e administração direcionada. Isto proporcionará uma base abrangente para a conceção de formulações ainda mais eficazes, lançando luz sobre os mecanismos antioxidantes responsáveis. A investigação destas sinergias com outras terapêuticas pode também proporcionar terapias combinadas de extraordinária força em condições relacionadas com o stress oxidativo. Consequentemente, as nanopartículas representam uma abordagem à nanomedicina, permitindo um novo nível de procedimentos biomédicos inovadores e a sua incorporação sem problemas na prática clínica. Em resumo, as principais propriedades das GNP, nomeadamente a sua origem natural e biocompatibilidade, estão agora a emergir como candidatos-chave para combater o stress oxidativo. A investigação atual continuará a estabelecer o seu lugar nas terapias antioxidantes de ponta, melhorando a vida de milhões de pessoas afectadas por perturbações do stress oxidativo.

ABREVIATURA

	AgNPsNanopartículas de prata
	AuNPsNanopartículas de ouro
ADN	Ácido desoxirribonucleico
GNPs	Nanopartículas verdes
ERO	Espécies reactivas de oxigénio
	SeNPsNanopartículas de selénio
NPs de ZnO	Nanopartículas de óxido de zinco

REFERÊNCIAS

1. Aaga, G. F.; Anshebo, S. T. Síntese ecológica de nanopartículas de óxido de cobre altamente eficientes e estáveis utilizando um extrato aquoso de sementes de *Moringa stenopetala* para a degradação catalítica assistida pela luz solar de vermelho congo e vermelho alizarina. *Heliyon* **2023**, *9*(5), e16067.

2. Abdel-Moneim, A.-M. E.; El-Saadony, M. T.; Shehata, A. M.; Saad, A. M.; Aldhumri,

S. A.; Ouda, S. M.; Mesalam, N. M. Antioxidant and antimicrobial activities of *Spirulina platensis* extracts and biogenic selenium nanoparticles against selected pathogenic bacteria and fungi. *Saudi J. Biol. Sci.* **2022**, *29*(2), 1197-1209.

3. Abdoli, M.; Arkan, E.; Shekarbeygi, Z.; Khaledian, S. Síntese ecológica de nanopartículas de ouro utilizando o extrato aquoso da folha de *Centaurea behen* e investigando os seus efeitos antioxidantes e citotóxicos na linha de células cancerígenas de leucemia aguda (THP-1). *Inorg. Chem. Commun.* **2021**, *129*, 108649.

4. Al-Qaraleh, S. Y.; Al-Zereini, W. A.; Oran, S. A.; Al-Sarayreh, A. Z.; Al-Dalain, S. E. M. Avaliação das atividades antioxidantes de nanopartículas de selênio sintetizadas em verde e sua forma conjugada de polietilenoglicol (PEG) in vivo. *OpenNano* **2022**, *8*, 100109.

5. Alahdal, F. A. M.; Qashqoosh, M. T. A.; Kadaf Manea, Y.; Salem, M. A. S.; Hasan Khan, R.; Naqvi, S. Deteção fluorescente ultra-rápida de iões de crómio hexavalente, eficácia catalítica e atividade antioxidante de nanopartículas de prata sintetizadas em verde utilizando extrato de folhas de *P. austroarabica*. *Environ. Nanotechnol. Monit. Manag.* **2022**, *17*, 100665.

6. Alizadeh, S. R.; Seyedabadi, M.; Montazeri, M.; Khan, B. A.; Ebrahimzadeh, M. A. Síntese verde de SeNPs mediada por extrato *de Allium paradoxum*: Avaliação das suas actividades anticancerígenas, antioxidantes, quelantes de ferro e antimicrobianas contra fungos, estirpes bacterianas ATCC, *parasita Leishmania* e redução catalítica

do azul de metileno. *Mater. Chem. Phys.* **2023**, *296,* 127240.

7. Aljohani, M. M.; Abu-Rayyan, A.; Elsayed, N. H.; Alatawi, F. A.; Al-Anazi, M.; Mustafa, S. K.; Albalawi, R. K.; Abdelmonem, R. Síntese de micro-ondas de nanopartículas de prata estabilizadas com quitosana e nanofibras de óxido de polietileno, com a sua potência antibacteriana e antioxidante intrínseca para a cicatrização de feridas. *Int. J. Biol. Macromol.* **2023**, *235,* 123704.

8. Al-Nadhari, S.; Al-Enazi, N. M.; Alshehrei, F.; Ameen, F. Uma revisão sobre a síntese biogénica de nanopartículas metálicas utilizando algas marinhas e as suas aplicações. *Environ. Res.* **2021**, *194,* 110672.

9. Alyami, N. M.; Almeer, R.; Alyami, H. M. Papel das nanopartículas de platina sintetizadas em verde na citotoxicidade, stress oxidativo e apoptose das células cancerígenas do cólon humano (HCT-116). *Heliyon* ***2022****, 8*(12), e11917.

10. Andrei, J.; Guerold, F.; Bouquerel, J.; Devin, S.; Mehennaoui, K.; Cambier, S.; Gutlet, A. C.; Giamberini, L.; Pain-Devin, S. Avaliação dos efeitos das nanopartículas de prata na ecofisiologia de *Gammarus roeseli. Aquat. Toxicol.* **2023**, *256*, 106421.

11. Anita; Anjali, Awasthi, A.; Thakur, V.; Kaur, M.; Sharma, P. Síntese verde, caraterização e atividade antibacteriana de nanopartículas de óxido de estanho (IV) utilizando extrato de raiz de *Cassia tora. Mater. Today Proc.* 2023. https://doi.org/10.1016Zj.matpr.2023.03.632

12. Anjali, R.; Palanisamy, S.; Vinosha, M.; Selvi, A. M.; Sathiyaraj, G.; Marudhupandi,

T .; Mohandoss, S.; Prabhu, N. M.; You, S. Fabrico de nanopartículas de prata a partir da macroalga marinha *Caulerpa sertularioides:* Caracterização, atividade antioxidante e antimicrobiana. *Process Biochem.* **2022**, *121,* 601-618.

13. Arumugam, M.; Manikandan, D. B.; Dhandapani, E.; Sridhar, A.; Balakrishnan, K.; Markandan, M.; Ramasamy, T. Síntese ecológica de nanopartículas de óxido de zinco (ZnO NPs) utilizando *Syzygium cumini*: Potenciais aplicações multifacetadas em antioxidantes, citotóxicas e como nanonutriente para o crescimento de *Sesamum indicum. Environ. Technol. Innov.* **2021**, *23,* 101653.

14. Aruna Kumari, K.; Bhagavanth Reddy, G.; Vishnu, T.; Mittapelli, V Síntese sustentável e ecológica de nanopartículas de prata utilizando o extrato de folhas de Chloris Barbata com a sua bioatividade contra estirpes bacterianas multirresistentes e como agente antioxidante. *Mater. Today Proc.* **2023.** https://doi.org/10.1016Zj.matpr.2023.04.006

15. Ashafaq, M.; Intakhab Alam, M.; Khan, A.; Islam, F.; Khuwaja, G.; Hussain, S.; Ali,

R .; Alshahrani, S.; Makeen, H. A.; Alhazmi, H. A.; Bratty, M. A.; Islam, F. Nanopartículas de resveratrol atenuam o stress oxidativo e a inflamação após acidente vascular cerebral isquémico em ratos. *Int. Immunopharmacol.* **2021**, *94*, 107494.

16. Ashikbayeva, Z.; Bekmurzayeva, A.; Myrkhiyeva, Z.; Assylbekova, N.; Atabaev, T.

S .; Tosi, D. Biossensor de ressonador esférico de fibra ótica baseado em nanopartículas de ouro sintetizadas de forma ecológica para deteção de biomarcadores de cancro. *Opt. Laser Technol.* **2023**, *161*, 109136.

17. Ashique, S.; Upadhyay, A.; Hussain, A.; Bag, S.; Chaterjee, D.; Rihan, M.; .Mishra, N.; Bhatt, S.; Puri, V.; Sharma, A.; Prasher, P.; Singh, S. K.; Chellappan, D. K.; Gupta, G.; Dua, K. Green biogenic silver nanoparticles, therapeutic uses, recent advances, risk assessment, challenges, and future perspectives. *J. DrugDeliv. Sci. Technol.* **2022**, *77*, 103876.

18. Ashrafi, G.; Nasrollahzadeh, M.; Jaleh, B.; Sajjadi, M.; Ghafuri, H. Materiais (nano)derivados de resíduos biológicos e da natureza: Biossíntese, estabilidade e aplicações ambientais. *Adv. Colloid Interface Sci.* **2022**, *301*, 102599.

19. Aththanayaka, S.; Thiripuranathar, G.; Ekanayake, S. Capítulo 15 - Nanomateriais verdes sintetizados como substâncias antioxidantes e anti-inflamatórias. In: Synthesis of Bionanomaterials for Biomedical Applications; Ozturk et al., Eds.; Elsevier B.V.: Amesterdão, **2023**; pp 299-317.

20. Awais, S.; Munir, H.; Najeeb, J.; Anjum, F.; Naseem, K.; Kausar, N.; Shahid, M.; Irfan, M.; Najeeb, N. Green synthesis of iron oxide nanoparticles using *Bombax malabaricum* for antioxidant, antimicrobial and photocatalytic applications. *J. Clean. Prod.* **2023**, *406*, 136916.

21. Awasthi, S. K.; Kumar, M.; Sarsaiya, S.; Ahluwalia, V.; Chen, H.; Kaur, G.; Sirohi, R.; Sindhu, R.; Binod, P.; Pandey, A.; Rathour, R.; Kumar, S.; Singh, L.; Zhang, Z.; Taherzadeh, M. J.; Awasthi, M. K. Linhas de pesquisa multicritério sobre o desenvolvimento de biorrefinaria de esterco de gado em direção a uma economia circular: Na perspetiva de uma avaliação do ciclo de vida e de estratégias de modelos de negócio. *J. Clean. Prod.* **2023**, *341*, 130862.

22. Azarin, K.; Usatov, A.; Minkina, T.; Plotnikov, A.; Kasyanova, A.; Fedorenko, A.; Duplii, N.; Vechkanov, E.; Rajput, V. D.; Mandzhieva, S.; Alamri, S. Efeitos das nanopartículas de ZnO e da sua forma a granel no crescimento, no sistema de defesa antioxidante e na expressão de genes relacionados com o stress oxidativo em *Hordeum vulgare* L. *Chemosphere* **2022**, *287*, 132167.

23. Azim, Z.; Singh, N. B.; Khare, S.; Singh, A.; Amist, N.; Niharika, A.; Yadav, R. K.

Síntese ecológica de nanopartículas de óxido de zinco utilizando extrato de folhas de *Vernonia cinerea* e avaliação como nanonutriente no crescimento e desenvolvimento de plântulas de tomate. *Plant Nano Biol.* ***2022**, 2,* 100011.

24. Baladi, M.; Amiri, M.; Mohammadi, P.; Salih Mahdi, K.; Golshani, Z.; Razavi, R.; Salavati-Niasari, M. Síntese sol-gel verde de nanopartículas de hidroxiapatite utilizando extrato de limão como agente de cobertura e investigação da sua atividade anticancerígena contra linhas celulares de cancro humano (T98 e SHSY5). *Arab. J. Chem.* **2023**, *16*(4), 104646.

25. Bharali, A.; Sarma, H.; Biswas, N.; Kalita, J. M.; Das, B.; Sahu, B. P.; Prasad, S. K.; Laloo, D. Síntese ecológica de nanopartículas de prata utilizando o extrato hidroalcoólico da raiz de *Potentilla fulgens* e avaliação do seu potencial de cicatrização de feridas cutâneas. *Mater. Today Commun.* **2023**, *35*, 106050.

26. Bleeker, E. A. J.; Swart, E.; Braakhuis, H.; Fernandez Cruz, M. L.; Friedrichs, S.; Gosens, I., Herzberg, F.; Jensen, K. A.; von der Kammer, F.; Kettelarij, J. A. B.; Navas,

J. M.; Rasmussen, K.; Schwirn, K.; Visser, M. Rumo à harmonização dos ensaios de nanomateriais para efeitos dos requisitos regulamentares da UE em matéria de segurança química - Uma proposta de novas acções. *Regul. Toxicol. Pharmacol.* **2023**, *139*, 105360.

27. Bokharaeian, M.; Toghdory, A.; Ghoorchi, T. Effects of dietary curcumin nanomicelles on growth performance, blood metabolites, antioxidant status, immune and physiological responses of fattening lambs under heat-stress conditions. *J. Therm. Biol.* **2023**, *114*, 103585.

28. Chakraborty, B.; Kumar, R. S.; Almansour, A. I.; Kotresha, D.; Rudrappa, M.; Pallavi, S. S.; Hiremath, H.; Perumal, K.; Nayaka, S. Avaliação da atividade antioxidante, antimicrobiana e antiproliferativa de nanopartículas de prata derivadas do extrato da folha de *Galphimia glauca*. *J. King Saud Univ. Sci.* **2021**, *33*(8), 101660.

29. Chaudhary, J.; Tailor, G.; Yadav, M.; Mehta, C. Síntese de nanopartículas metálicas por via verde utilizando vários extractos de ervas: Uma revisão. *Biocatal. Agric. Biotechnol.* **2023**, *50,* 102692.

30. Chavan, R. R.; Bhinge, S. D.; Bhutkar, M. A.; Randive, D. S.; Wadkar, G. H.; Todkar, S. S.; Urade, M. N. Caracterização, actividades antioxidantes, antimicrobianas e citotóxicas de nanopartículas de prata e ferro sintetizadas em verde utilizando o extrato alcoólico da planta *Blumea eriantha* DC. *Mater. Today Commun.* **2020**, *24,* 101320.

31. Chaves Filho, G. P.; Lima, M. E. G. B.; Rocha, H. A. D. O.; Moreira, S. M. G. Papel dos polissacarídeos sulfatados de algas marinhas na regeneração óssea: Uma revisão sistemática. *Carbohydr Polym.* **2022**, *284,* 119204.

32. Chouke, P. B.; Shrirame, T.; Potbhare, A. K.; Mondal, A.; Chaudhary, A. R.; Mondal, S.; Thakare, S. R.; Nepovimova, E.; Valis, M.; Kuca, K.; Sharma, R.; Chaudhary, R. G. Bioinspired metal/metal oxide nanoparticles: Um roteiro para potenciais aplicações. *Mater. Today Adv.* ***2022**, 16,* 100314.

33. Qi?ek, S. Influências do ácido l-ascórbico nos danos citotóxicos, bioquímicos e genotóxicos causados por nanopartículas de óxido de cobre II nas células gonadais da truta arco-íris-2. *Comp. Biochem. Physiol. C Toxicol. Pharmacol.* **2023a**, *266*, 109559.

34. Qi?ek, S. a-Tocoferol melhora os danos citotóxicos, bioquímicos, apoptóticos e genotóxicos induzidos por nanopartículas de óxido de cobre II na cultura de células gonadais de truta arco-íris-2 (RTG-2). *Environ. Toxicol. Pharmacol.* **2023b**, *101*, 104168.

35. Qi?ek, S.; Özogul, F. Effects of selenium nanoparticles on growth performance, hematological, serum biochemical parameters, and antioxidant status in fish. *Anim. Feed Sci. Technol.* **2021**, *281*, 115099.

36. Davis, H. C.; Kang, S.; Lee, J.-H.; Shin, T.-H.; Putterman, H.; Cheon, J.; Shapiro, M. G;. Transferência de calor em nanoescala de nanopartículas magnéticas e ferritina num campo magnético alternado. *Biophys. J.* **2020**, *118*(6), 1502-1510.

37. De Matteis, V.; Cascione, M.; Costa, D.; Martano, S.; Manno, D.; Cannavale, A., Mazzotta, S.; Paladini, F.; Martino, M.; Rinaldi, R. *Aloe vera* silver nanoparticles addition in chitosan films: improvement of physicochemical properties for ecofriendly food packaging material. *J. Mater. Res. Technol.* **2023**, *24*, 1015-1033.

38. Debroy, A.; Joshi, S.; Yadav, M.; George, N. Capítulo 15 - Síntese ecológica de nanopartículas a partir de bio-resíduos para potenciais aplicações: Tendências actuais, desafios e perspectivas. Em: Bio-Based Materials and Waste for Energy Generation and Resource Management (Vol. 5); Hussain et al., Eds.; Elsevier B.V.: Amesterdão, **2023**; pp 431-466.

39. Dinesh Ram, G.; Praveen Kumar, S.; Srinivasan, T. K.; Aravind, T.; Ramya, S.; Lingaraja, D.; Bhuvaneshwari, G. Síntese ecológica de nanopartículas de prata utilizando o extrato de raiz de Chrysopogon zizanioides e respectivas actividades antibacterianas. *Mater. Today Proc.* **2023**. https://doi.org/10.1016zj.matpr.2023.01.026.

40. Dinga, E.; Ekennia, A.; Ogbonna, C. U.; Udu, D. A.; Mthiyane, D. M. N.; Marume, U .; Onwudiwe, D. C. Síntese fito-mediada de nanopartículas de MgO utilizando extrato de sementes de *Melia azedarach*: actividades larvicidas e antioxidantes. *Sci. Afr* **2022**, *17,* e01366.

41. Dutta, S. J.; Chakraborty, G.; Chauhan, V.; Singh, L.; Sharanagat, V. S.; Gahlawat, V. K. Desenvolvimento de um modelo preditivo para a determinação de ureia no leite utilizando nanopartículas de prata e espetroscopia UV-Vis. *LWT* **2022**, *168,* 113893.

42. Einstein, A. Über die von der molekularkinetischen Theorie der Wärme geforderte Bewegung von in ruhenden Flüssigkeiten suspendierten Teilchen [AdP 17, 549 (1905)]. *Ann. Phys.* **2005**, *14(S1* 1), 182-193.

43. Elkomy, N. M. I. M.; El-Shaibany, A.; Elnagar, G. M.; Abdelkhalek, A. S.; Al-Mahbashi, H.; Elaasser, M. M.; Raweh, S. M.; Aldiyarbi, M. A.; Raslan, A. E. Avaliação da toxicidade oral aguda, efeitos anti-diabéticos e antioxidantes do extrato de flores *de Aloe vera. J. Ethnopharmacol.* **2023**, *309,* 116310.

44. Erenler, R.; Gecer, E. N.; Hosaflioglu, I.; Behcet, L. Síntese ecológica de nanopartículas de prata utilizando *Stachys spectabilis*: Identificação, degradação catalítica e atividade antioxidante. *Biochem. Biophys. Res. Commun.* **2023**, *659*, 91-95.

45. Erenler, R.; Hosaflioglu, I. Síntese ecológica de nanopartículas de prata utilizando *Onobrychis sativa* L.: Caracterização, degradação catalítica do azul de metileno, atividade antioxidante e análise quantitativa de compostos bioactivos. *Mater. Today Commun.* **2023**, *35*, 105863.

46. Erfani Majd, N.; Tabandeh, M. R.; Hosseinifar, S.; Rahimi Zarneh, S. As nanopartículas químicas e verdes de ZnO melhoraram os efeitos adversos da cisplatina na estrutura histológica, no sistema de defesa antioxidante e na expressão de neurotrofinas no hipocampo do rato. *J. Chem. Neuroanat.* **2021**, *116,* 101990.

47. Fakhri, Z.; Karimi, N.; Saba, F.; Zhaleh, M. Biocompatibilidade de nanopartículas magnéticas sintetizadas através de um processo verde com enfoque na análise hematológica e histológica. *Bioorg. Chem.* **2023**, *137*, 106552.

48. Fan, N.; Li, P.; Wang, J.; Gongsun, X.; Xue, L.; Bai, J.; Morovvati, H.; Goorani, S. Nova formulação, caraterização, citotoxicidade, actividades antioxidantes e anti-cancro do pulmão de nanopartículas de prata formuladas em verde por extrato de plantas. *Inorg. Chem. Commun.* **2022**, *143,* 109707.

49. Farhadian, N.; Kazemi, M. S.; Moosavi Baigi, F.; Khalaj, M. Simulação da dinâmica

molecular da libertação de fármacos através da membrana celular mediante a aplicação de um transportador de nanopartículas de ouro: Flutamida como fármaco hidrofóbico e glutatião como fármaco hidrofílico como estudos de caso. *J. Mol. Graph. Model.* **2022**, *116*, 108271.

50. Ferrante, G.; Montante, C.; Notarbartolo, V.; Giuffre, M. Antioxidantes: Papel na prevenção e tratamento da displasia broncopulmonar. *Paediatr Respir Rev.* **2022**, *42*, 53-58.

51. Ferrari, L.; Cattaneo, D. M. I. R.; Abbate, R.; Manoni, M.; Ottoboni, M.; Luciano, A.; von Holst, C.; Pinotti, L. Avanços na suplementação com selénio: da levedura enriquecida com selénio a potenciais insectos enriquecidos com selénio e nanopartículas de selénio. *Anim. Nutr* **2023**. https://doi.org/10.1016/j.aninu.2023.05.002.

52. Gao, L.; Mei, S.; Ma, H.; Chen, X. Síntese verde assistida por ultra-sons de nanopartículas de ouro utilizando extrato de casca de citrinos e a sua atividade anti-inflamatória melhorada. *Ultrason. Sonochem.* **2022**, *83*, 105940.

53. Gayathri Devi, K.; Clara Dhanemozhi, A.; Sathya Priya, L. Síntese ecológica de nanopartículas de óxido de zinco utilizando extrato de limão para o tratamento de águas residuais. *Mater. Today Proc.* **2023.** https://doi.org/10.1016/j.matpr.2023.03.576

54. George, I. E.; Cherian, T.; Ragavendran, C.; Mohanraju, R.; Dailah, H. G.; Hassani,

R .; Alhazmi, H. A.; Mohan, S. One-pot green synthesis of silver nanoparticles using brittle star *Ophiocoma scolopendrina*: Avaliação das potencialidades biológicas de degradação antibacteriana, antioxidante, antidiabética e catalítica de corantes orgânicos. *Heliyon* **2023**, *9*(3), e14538.

55. Gu, J.; Chen, F.; Zheng, Z.; Bi, L.; Morovvati, H.; Goorani, S. Nova formulação verde de nanopartículas de cobre por *Foeniculum vulgare*: Caracterização química e determinação da citotoxicidade, cancro do pulmão anti-humano e efeitos antioxidantes. *Inorg. Chem. Commun.* **2023**, *150*, 110442.

56. Gui, T.; Luo, L.; Chhay, B.; Zhong, L.; Wei, Y.; Yao, L.; Yu, W.; Li, J.; Nelson, C. L.; Tsourkas, A.; Qin, L.; Cheng, Z. Superoxide dismutase-loaded porous polymersomes as highly efficient antioxidant nanoparticles targeting synovium for osteoarthritis therapy. *Biomater.* **2022**, *283*, 121437.

57. Gupta, A.; Tandon, M.; Arya, S. K.; Kaur, A. Capítulo 19 - Síntese de nanopartículas de metal e de óxido de metal com base em antioxidantes marinhos a partir de algas marinhas: Uma visão. In: Marine Antioxidants; Kim et al., Eds.; Academic Press:

Londres, **2023**; pp 265-271.

58. Hadrich, F.; Chamkha, M.; Sayadi, S. Efeito protetor dos compostos fenólicos das folhas de oliveira contra doenças neurodegenerativas: Alternativa promissora para a modulação das doenças de Alzheimer e Parkinson. *Food Chem. Toxicol.* **2022**, *159*, 112752.

59. Halder, U.; Roy, R. K.; Biswas, R.; Khan, D.; Mazumder, K.; Bandopadhyay, R. Síntese de nanopartículas de óxido de cobre utilizando substâncias poliméricas capsulares produzidas por *Bacillus altitudinis* e investigação da sua eficácia para matar *Pseudomonas aeruginosa* patogénica. *Chem. Eng. J. Adv.* **2022**, *11*, 100294.

60. Hao, W.; Jia, Y.; Wang, C.; Wang, X. Preparação, caraterização química e determinação dos efeitos antioxidantes, citotóxicos e terapêuticos das nanopartículas de ouro sintetizadas em verde pelo extrato da flor de *Calendula officinalis* na disfunção cardíaca induzida pela diabetes no rato. *Inorg. Chem. Commun.* **2022**, *144*, 109931.

61. Harmansah, C.; Karatay Kutman, M.; Biber Muftuler, F. Z. Preparação de nanopartículas de óxido de ferro por extrato de casca de banana e sua utilização em NDT. *Measurement* **2022**, *204*, 112081.

62. Hassan, R. M.; Ibrahim, S. M. Metodologia inovadora para a síntese ecológica de nanopartículas de irídio em forma de bastão através da redução de irídio (IV) utilizando pectina sustentável com formação de derivados de ceto-pectina. *Int. J. Biol. Macromol.* **2023**, *238*, 124156.

63. Helmy, E. T.; Abouellef, E. M.; Soliman, U. A.; Pan, J. H. Nova síntese verde de nanopartículas de TiO2 dopadas com S usando extrato de planta de *Malva parviflora* e suas atividades fotocatalíticas, antimicrobianas e antioxidantes sob iluminação solar. *Chemosphere* **2021**, *271*, 129524.

64. Herrera-Marin, P.; Fernandez, L.; Pilaquinga F, F.; Debut, A.; Rodnguez, A.; Espinoza-Montero, P.. Síntese verde de nanopartículas de prata usando extrato aquoso das folhas de cacau de aroma fino *Theobroma cacao* linneu (Malvaceae): Otimização por técnicas electroquímicas. *Electrochimica Ata* **2023**, *447*, 142122.

65. Hu, H.; Su, M.; Ba, H.; Chen, G.; Luo, J.; Liu, F.; Liao, X.; Cao, Z.; Zeng, J.; Lu, H.; Xiong, G.; Chen, J. As nanopartículas ZIF-8 induzem distúrbios neurocomportamentais através da regulação do stress oxidativo mediado por ROS em embriões de peixe-zebra. *Chemosphere* **2022**, *305*, 135453.

66. Hussain, A.; Beg, S. Capítulo 16 - Vias de regulamentação e perspectivas federais sobre nanopartículas. In: Nanoparticle Therapeutics; Kesharwani et al., Eds.;

Academic Press: Londres, **2022**; pp 563-271.

67. Hussain, A.; Lakhan, M. N.; Hanan, A.; Soomro, I. A.; Ahmed, M.; Bibi, F.; Zehra, I. Recent progress on green synthesis of selenium nanoparticles-a review Um estudo abrangente sobre a síntese ecológica de nanopartículas de selénio - revisão. *Mater. Today Sustain.* **2023**, 100420. https://doi.org/10.1016/j.mtsust.2023.100420.

68. Jayakodi, S., Senthilnathan, R., Swaminathan, A., Shanmugam, V. K., Shanmugam,

R ., Krishnan, A., Krishnan, A.; Ponnusamy, V. K.; Tsai, P.-C.; Lin, Y.-C.; Chen, Y.-H. Nanopartículas bio-inspiradas mediadas por biomoléculas de extractos de plantas e sua aplicação terapêutica em doenças cardiovasculares: Uma revisão. *Int. J. Biol. Macromol.* **2023**, *242,* 125025.

69. Jha, N.; Esakkiraj, P.; Annamalai, A.; Lakra, A. K.; Naik, S.; Arul, V. Síntese, otimização e caraterização físico-química de nanopartículas de selénio a partir de polissacárido do mangal *Rhizophora mucronata* com potenciais bioactividades. *JTEMIN* ***2022****, 2,* 100019.

70. Jiang, W.; He, S.; Su, D.; Ye, M.; Zeng, Q.; Yuan, Y. Síntese, caraterização de nanopartículas de selénio de polipéptido de atum e os seus efeitos imunomoduladores e antioxidantes in vivo. *FoodChem.* **2022**, *383,* 132405.

71. Kamarajan, G.; Anburaj, D. B.; Porkalai, V.; Muthuvel, A.; Nedunchezhian, G. Síntese ecológica de nanopartículas de ZnO utilizando extrato de folha de *Acalypha indica* e a sua degradação fotocatalítica e atividade antibacteriana. *J. Indian Chem. Soc.* ***2022***, *99*(10), 100695.

72. Karalija, E.; Carbo, M.; Coppi, A.; Colzi, I.; Dainelli, M.; Gasparovic, M.; Grebenc, T.; Gonnelli, C.; Papadakis, V.; Pilic, S.; Sibanc, N.; Valledor, L.; Poma, A.; Martinelli, F. Interação da poluição plástica com algas e plantas: perigo escondido ou uma bênção? *J. Hazard. Mater.* ***2022****, 438,* 129450.

73. Karthick Raja Namasivayam, S.; Kumar, S.; Samrat, K.; Arvind Bharani, R. S. Biocompatibilidade notável de microrganismos eficazes (EM) como formulação de cultura microbiana benéfica com nanopartículas de metal e óxido de metal. *Environ. Res.* **2023**, *231,* 116150.

74. Kasi, G.; Thanakkasaranee, S.; Seesuriyachan, P.; Rachtanapun, P Síntese one-pot de nanopartículas de ouro utilizando o extrato de folhas de *Pandanus amaryllifolius* e respectiva avaliação antibacteriana, antioxidante, anticancerígena e de ecotoxicidade. *Biocatal. Agric. Biotechnol.* **2023**, *50,* 102695.

75. Kaur, R.; Mishra, A.; Saha, S. Uma visão geral do fabrico de nanopartículas metálicas assistido por plantas. *Biocatal. Agric. Biotechnol.* **2023**, *50,* 102723.

76. Kavitha, A.; Doss, A.; Praveen Pole, R. P.; Pushpa Rani, T. P K.; Prasad, R.; Satheesh,

S .Uma mini revisão sobre nanopartículas de óxido de zinco mediadas por plantas e a sua potência antibacteriana. *Biocatal. Agric. Biotechnol.* **2023**, *48*, 102654.

77. Kerin, H.; Nagaraj, K.; Kamalesu, S. Revisão sobre a toxicidade aquática de nanopartículas de óxidos metálicos. *Mater. Today Proc.* **2023**. https://doi.org/10.1016/j.matpr.2023.02.183.

78. Khalaf, M. M.; Gouda, M.; Mohamed, I. M. A.; Abd El-Lateef, H. M. Diferentes aditivos de nanopartículas de ouro e filmes à base de quitosano carregados com óxido de lítio; controlo das propriedades ópticas e estruturais, avaliação da viabilidade celular. *Biochem. Biophys. Res. Commun.* **2023**, *649*, 118-124.

79. Khan, F., Shahid, A., Zhu, H., Wang, N., Javed, M. R., Ahmad, N., Xu, J.; Alam, Md. A.; Mehmood, M. A. Perspectivas de síntese verde de nanopartículas à base de algas para aplicações ambientais. *Chemosphere* **2022**, *293*, 133571.

80. Khan, M. A.; Anwar, M. F.; Ahmad, M. Extrato aquoso de *Ocimum sanctum* L: Síntese verde in-situ de nanopartículas de óxido de zinco para tratamento da artrite reumatoide: Estudo pré-clínico. *J. Trace Elem. Med. Biol.* **2023**, *79*, 127212.

81. Khare, S.; Singh, R. K.; Prakash, O. Green synthesis, characterization and biocompatibility evaluation of silver nanoparticles using radish seeds. *Results Chem.* ***2022***, *4*, 100447.

82. Khuda, F.; Jamil, M.; Ali Khan Khalil, A.; Ullah, R.; Ullah, N.; Naureen, F.; Abbas, M.; Khan, M. S.; Ali, S.; Farooqi, H. M. U.; Ahn, M.-J. (2022). Avaliação do potencial antioxidante e citotóxico de nanopartículas de prata sintetizadas a partir de extrato de raiz de *Reynoutria japonica* Houtt. *Arab. J. Chem.* **2022**, *75*(12), 104327.

83. Kiani, Z.; Aramjoo, H.; Chamani, E.; Siami-Aliabad, M.; Mortazavi-Derazkola, S. Citotoxicidade in vitro contra a linha de células tumorais K562, actividades antibacterianas, antioxidantes, antifúngicas e catalíticas de nanopartículas de prata biossintetizadas utilizando extrato de *Sophora pachycarpa. Arab. J. Chem.* **2022**, *75*(3), 103677.

84. Koltover, V. K.; Skipa, T. A. Capítulo 16 - Farmacologia antioxidante. In: Anti-Aging Pharmacology; Koltover, V. K., Ed.; Academic Press: Londres, 2023; pp 341-365.

85. Korde, S. A.; Thombre, P. B.; Dipake, S. S.; Sangshetti, J. N.; Rajbhoj, A. S.; Gaikwad, S. T. A goma de Neem *(Azadirachta indicia)* facilitou a síntese ecológica de nanopartículas de TiO_2 e ZrO_2 como agentes antimicrobianos. *Inorg. Chem. Commun.* **2023**, *753*, 110777.

86. Kowalczyk, M.; Rolnik, A.; Adach, W.; Kluska, M.; Juszczak, M.; Grabarczyk, L.; Wozniak, K.; Olas, B.; Stochmal, A. Compostos multifuncionais no extrato de sementes maduras de *Vicia faba* var. *minor:* Perfil fitoquímico, atividade antioxidante e segurança celular em células sanguíneas humanas selecionadas em ensaios in vitro. *Biomed. Pharmacother* **2021**, *739*, 111718.

87. Krishnamoorthy, S.; Zait, N. N.; Nasir, A. M.; Ishar, S. M.; Hamzah, N. H.; Rus Din, R. D.; Osman, K. Rumo ao desenvolvimento de nanopartículas verdes em aplicações de saúde

uma mini revisão. *Mater. Today Proc.* **2023.**

http s: //doi .org/ 10.1016/j.matpr.2023.02.022.

88. Laib, I.; Djahra Ali, B.; Boudebia, O. Síntese ecológica de nanopartículas de prata utilizando extractos de *Helianthemum lippii* (Hl-NPs): Caracterização, actividades antioxidante e antibacteriana, e estudo da interação com o ADN. *J. Organomet. Chem.* **2023**, *986,* 122619.

89. Li, Q., Cai, W., Li, N., Su, W., Li, H., Zhang, H., Chen, Z.; Gong, S.; Ge, X.; Liu, B.; Zeng, F. O extrato de levedura rico em proteínas (®fermgard) tem potenciais actividades antioxidantes e anti-envelhecimento. *Comp. Biochem. Physiol. C Toxicol. Pharmacol.* **2023**, *270,* 109656.

90. Lin, Y.; Wu, X.; Lin, L.; Mei, Y.; Zhou, J.; Chen, C.; Li, J.; Wu, D.; Liu, J.; Li, G. O miR-494-5p medeia a atividade antioxidante do EPA, visando o gene do fator de alongamento mitocondrial 1 MIEF1 em células HepG2. *J. Nutr Biochem.* **2023**, *115,* 109279.

91. Liu, H. M., Cheng, M. Y., Xun, M. H., Zhao, Z. W., Zhang, Y., Tang, W., . Chen, J.; Ni, J.; Wang, W. Possíveis mecanismos de senescência celular da pele induzida pelo stress oxidativo, inflamação e cancro e o potencial terapêutico dos polifenóis vegetais. *Int. J. Mol. Sci.* **2023**, *24(4),* 3755.

92. Liu, L.; Li, Y.; Al-Huqail, A. A.; Ali, E.; Alkhalifah, T.; Alturise, F.; Ali, H. E. Síntese ecológica de nanopartículas de Fe3O4 utilizando resíduos de Alliaceae (*Allium sativum*) para um melhoramento sustentável da paisagem utilizando a regressão vetorial de apoio. *Chemosphere* **2023**, *334,* 138638.

93. Liu, M., Lai, W., Chen, M., Wang, P., Liu, J., Fang, X., Yang, Y.; Wang, C. Melhoria proeminente da eficiência de direcionamento mediada por péptidos para carcinomas hepatocelulares humanos com coroa de proteínas de composição modificada em nanopartículas de ouro. *Colloids Surf. A: Physicochem. Eng. Asp.* **2023**, *662*, 131016.

94. Liu, S., Kumari, S., He, H., Mishra, P., Singh, B. N., Singh, D., Liu, S.; Srivastava, P.;

Li, C. Sistema integrado de biossensores 3D organoid/organ-on-a-chip: Uma monitorização e caraterização biomecânica, biofísica e bioquímica em tempo real. *Biosens. Bioelectron.* **2023**, *231*, 115285.

95. Mahmoud, R.; Kotp, A. A.; Abo El-Ela, F. I.; Farghali, A. A.; Moaty, S. A. A.; Zahran, H. Y.; Amin, R. Síntese ecológica de nanopartículas de ferro com origem no cravinho e no café verde com uma investigação hepatoprotectora in vivo. *J. Environ. Chem. Eng.* **2021**, *9*(6), 106320.

96. Maitra, B., Halima Khatun, M., Ahmed, F., Ahmed, N., Jahan Kadri, H., Zia Uddin Rasel, M., Saha, B. K.; Hakim, M.; Kabir, S. R.; Habib, M. R.; Rabbi, M. A. (2023). Biossíntese de nanopartículas de prata mediadas por extrato de sementes *de Bixa orellana* com atividade antioxidante, antibacteriana e antiproliferativa moderada. *Arab. J. Chem.* **2023**, *16(5),* 104675.

97. Manzoor, M. A., Shah, I. H., Ali Sabir, I., Ahmad, A., Albasher, G., Dar, A. A., Altaf, M. A.; Shakoor, A. Sustentabilidade ambiental: Nanopartículas de óxido de cobre biogénico como nanopesticidas para investigar bioactividades contra fitopatógenos. *Environ. Res.* **2023**, *231,* 115941.

98. Marcondes, L. M.; Silva, M. C. d. C.; Franco, D. F.; Manzani, D.; Poirier, G. Y.; Nalin, M. Monitoramento do crescimento de nanopartículas de Ag em vidros não dopados e dopados com Er^{3+} por espetroscopia UV-Vis in-situ e suas propriedades luminescentes. *J. Non. Cryst. Solids* **2023**, *609,* 122286.

99. Marinaccio, L.; Zengin, G.; Pieretti, S.; Minosi, P.; Szucs, E.; Benyhe, S.; Novellino, E.; Masci, D.; Stefanucci, A.; Mollica, A. Peptídeos de inspiração alimentar da Rubisco dos espinafres dotados de propriedades antioxidantes, antinociceptivas e anti-inflamatórias. *FoodChem:* **X2023**, *18,* 100640.

100. Mazahir, F.; Bhogale, D.; Palai, A. K.; Yadav, A. K. Capítulo 17 - Nanomedicina: Princípios, propriedades e questões regulamentares. In: Smart Polymeric Nano-Constructs in Drug Delivery; Vyas et al., Eds.; Academic Press: Londres, 2023; pp 523-565.

101. Melkamu, WW; Bitew, L. T. Síntese verde de nanopartículas de prata usando extrato de folha de planta de *Hagenia abyssinica* (Bruce) JF Gmel e suas atividades antibacterianas e antioxidantes. *Heliyon* **2021**, *7*(11), e08459.

102. Mendam, K.; Kumar Naik, S. J. Actividades anticancerígenas e antioxidantes de nanopartículas de prata mediadas pelo verde *de Cyphostemma auriculatum* Roxb. *Mater. Today Proc.* **2023.** https://doi.org/10.1016Zj.matpr.2023.04.126

103. Mishra, A. K.; Das, R.; Sahoo, S.; Biswal, B. Capítulo dez - regulamentos e

legislações globais sobre o uso e aplicação de nanopartículas em diversos horizontes. In: Comprehensive Analytical Chemistry (Vol. 99); Turan et al., Eds.; Elsevier B.V.: Amesterdão, 2022; pp 261-290.

104. Mobaraki, F.; Momeni, M.; Barghbani, M.; Far, B. F.; Hosseinian, S.; Hosseini, S. M. Biossíntese e caraterização de nanopartículas de ouro mediadas por extrato: Explorando o seu efeito protetor contra o stress oxidativo induzido pela ciclofosfamida em testículos de ratos. *J. DrugDeliv. Sci. Technol.* **2022**, *71*, 103306.

105. Mohamed, N.; Hessen, O. E. A.; Mohammed, H. S. Estabilidade térmica, propriedades paramagnéticas, morfologia e atividade antioxidante de nanopartículas de óxido de ferro sintetizadas por métodos químicos e ecológicos. *Inorg. Chem. Commun.* **2021**, *128*, 108572.

106. Mouriya, G. K.; Mohammed, M.; Azmi, A. A.; Khairul, W. M.; Karunakaran, T.; Amirul, A.-A. A.; Ramakrishna, S.; Santhanam, R.; Vigneswari, S. Síntese verde de nanopartículas de prata derivadas de resíduos de *Cicer arietinum* para propriedades antimicrobianas e de citotoxicidade. *Biocatal. Agric. Biotechnol.* **2023**, *47*, 102573.

107. Murugan, S. S.; Anil, S.; Venkatesan, J.; Seong, G. H. Capítulo 37 - Propriedades antioxidantes de polissacáridos de origem marinha e nanopartículas metálicas. In: Marine Antioxidants; Kim et al., (Eds.); Academic Press: Londres, 2023; pp 489-494.

108. Naseer, F.; Ahmed, M.; Majid, A.; Kamal, W.; Phull, A. R. Green nanoparticles as multifunctional nanomedicines: Insights sobre efeitos anti-inflamatórios, sinalização de crescimento e mecanismo de apoptose no cancro. *Semin. Cancer Biol.* **2022**, *86*, 310-324.

109. Navabhatra, A.; Brantner, A.; Yingngam, B. Modelação de redes neurais artificiais de transportadores lipídicos nanoestruturados contendo extrato de folha de *Cratoxylum formosum* rico em ácido 5-O-cafeoilquínico para aplicação cutânea. *Adv Pharm Bull* **2022**, *12*(4), 801-817.

110. Ndugire, W.; Liyanage, S. H.; Yan, M. 4.16 - Nanopartículas metálicas contendo hidratos de carbono: síntese, caraterização e aplicações. In: Comprehensive Glycoscience (Segunda Edição); Barchi, J. J., Ed.; Elsevier B.V.: Oxford, 2021; pp 380-405.

111. Ngernyuang, N.; Wongwattanakul, M.; Charusirisawad, W.; Shao, R.; Limpaiboon,

T. Nanopartículas de ouro conjugadas com apigenina sintetizadas a verde inibem a atividade das células do colangiocarcinoma e a angiogénese das células endoteliais in vitro. *Heliyon* **2022**, *8*(12), e12028.

112. Nguyen, N. T. H.; Tran, G. T.; Nguyen, N. T. T.; Nguyen, T. T. T.; Nguyen, D. T.

C. Tran, T. V. Uma análise crítica da biossíntese, propriedades, aplicações e perspectivas futuras das nanopartículas verdes de MnO_2 . *Environ. Res.* **2023**, *231,* 116262.

113. Nguyen, N. T. T.; Nguyen, T. T. T.; Nguyen, D. T. C.; Tran, T. V. Síntese ecológica de nanopartículas /nl: e2o.| utilizando extractos de plantas e suas aplicações: Uma revisão. *Sci. Total Environ.* **2023**, *872*, 162212.

114. Nibbe, P.; Schleusener, J.; Siebert, S.; Borgart, R.; Brandt, D.; Westphalen, R.; Schüler, N.; Berger, B.; Peters, E. M. J.; Meinke, M. C.; Lohan, S. B. Valor da capacidade de resistência ao stress oxidativo (OSC): Desenvolvimento e validação de um método de medição in vitro para o plasma sanguíneo utilizando espetroscopia de ressonância paramagnética eletrónica (EPR) e vitamina C. *Free Radic. Biol. Med.* **2023**, *194*, 230-244.

115. Ninsiima, H. I.; Eze, E. D.; Ssekatawa, K.; Nalugo, H.; Asekenye, C.; Onanyang,

D. Munanura, E. I.; Ariong, M.; Matama, K.; /irintunda, G.; Mbiydzenyuy, N. E.; Ssempijja, F.; Afodun, A. M.; Mujinya, R.; Usman, I. M.; Asiimwe, O, H.; Tibyangye, J.; Kasozi, K. I. As nanopartículas de prata do chá verde melhoram a função fisiológica motora e cognitiva em ratinhos BALB/c durante a inflamação. *Heliyon* **2023**, *9*(3), e13922.

116. Noguera-Navarro, C.; Montoro-Garcia, S.; Orenes-Pinero, E. Hydroxytyrosol: Its role in the prevention of cardiovascular diseases. *Heliyon* **2023**, *9*(1), e12963.

117. Noshy, P A.; Yasin, N. A. E.; Rashad, M. M.; Shehata, A. M.; Salem, F. M. S.; El-Saied, E. M.; Mahmoud, M. Y. As nanopartículas de zinco melhoram o stress oxidativo e a apoptose induzida por nanopartículas de prata no cérebro de ratos machos. *NeuroToxicology* **2023**, *95*, 193-204.

118. Noukelag, S. K.; Cummings, F.; Arendse, C. J.; Maaza, M. Propriedades físicas e magnéticas de nanopartículas biossintetizadas de ZnO/Fe2O3, ZnO/ZnFe2O4 e ZnFe2O4. *Resultados Surf. Interfaces.* **2023**, *10,* 100092.

119. Omran, A. M. E. Caracterização de nanopartículas de óxido de zinco sintetizadas por via verde utilizando extrato de rizoma de *Cyperus rotundus*: potencial antioxidante, antibacteriano, anticancerígeno e fotocatalítico. *J. DrugDeliv. Sci. Technol.* **2023**, *79*, 104000.

120. Ouyang, Q.; Kou, F.; Zhang, N.; Lian, J.; Tu, G.; Fang, Z. Tea polyphenols promote Fenton-like reaction: pH self-driving chelation and reduction mechanism. *Chem. Eng.*

J **.2019**, *366,* 514-522.

121. Padhye, L. P., Jasemizad, T., Bolan, S., Tsyusko, O. V., Unrine, J. M., Biswal, B.

K ., Balasubramanian, R.; Zhang, Y.; Zhang, T.; Zhao, J.; Li, Y.; Rinklebe, J.; Wang, H.; Siddique, K. H. M.; Bolan, N. Silver contamination and its toxicity and risk management in terrestrial and aquatic ecosystems. *Sci. Total Environ.* **2023**, *871*, 161926.

122. Paiva-Santos, A. C., Herdade, A. M., Guerra, C., Peixoto, D., Pereira-Silva, M., Zeinali, M., Mascarenhas-Melo, F., Paranhos, A.; Veiga, F. Síntese verde de nanopartículas metálicas para aplicações dermofarmacêuticas e cosméticas, mediada por plantas. *Int. J. Pharm.* **2021**, *597*, 120311.

123. Pan, Y.; Qin, R.; Hou, M.; Xue, J.; Zhou, M.; Xu, L.; Zhang, Y. As interações dos polifenóis com Fe e a sua aplicação em reacções do tipo Fenton/Fenton. *Sep. Purif. Technol.* **2022**, *300*, 121831.

124. Patil, T. P.; Vibhute, A. A.; Patil, S. L.; Dongale, T. D.; Tiwari, A. P Síntese verde de nanopartículas de ouro através de extrato de frutos de *Capsicum annum*: Caracterização, actividades antiangiogénica, antioxidante e anti-inflamatória. *Appl. Surf. Sci. Adv.* **2023**, *13*, 100372.

125. Pellas, V.; Sallem, F.; Blanchard, J.; Miche, A.; Concheso, S. M.; Methivier, C.; Salmain, M.; Boujday, S. Biofuncionalização de nanobastões de ouro revestidos com sílica para biossensores de ressonância plasmónica de superfície localizada (LSPR). *Talanta* **2023**, *255*, 124245.

126. Perez Schmidt, P.; Luedtke, T.; Moretti, P.; Di Gianvincenzo, P.; Fernandez Leyes, M.; Espuche, B.; Amenitsch, H.; Wang, G.; Ritacco, H.; Polito, L.; Ortore, M. G.; Moya, S. E. Mecanismos de montagem e reconhecimento de nanopartículas de fosfato de poliallamina glicosiladas com PEG: Um estudo de espetroscopia de correlação de fluorescência e dispersão de raios X de pequeno ângulo. *J. Colloid Interface Sci.* **2023**, *645*, 448-457.

127. Perumal, D.; Zulkifli, S. N.; Een, L. G.; Albert, E. L.; Muhamad Yusop, M. A.; Che Abdullah, C. A. Capítulo 3 - Biossíntese verde de nanopartículas metálicas e suas futuras aplicações biomédicas. In: Green Nanomaterials for Industrial Applications; Shanker et al., Eds.; Elsevier B.V.: Amesterdão, 2022; pp 41-70.

128. Polash, S. A.; Hamza, A.; Hossain, M. M.; Dekiwadia, C.; Saha, T.; Shukla, R.; Bansal, V.; Sarker, S. R. Nanopartículas de Au côncavas funcionalizadas com lactoferrina como agente antibacteriano biocompatível. *OpenNano* **2023**, *72*, 100163.

129. Prabha, N.; Guru, A.; Harikrishnan, R.; Gatasheh, M. K.; Hatamleh, A. A.; Juliet, A.; Arockiaraj, J. Capacidade neuroprotectora e antioxidante do péptido RW20 de histona acetiltransferases causada por neurotoxicidade induzida por stress oxidativo no modelo larvar de peixe-zebra in vivo. *J. King Saud Univ. Sci.* **2022**, *34*(3), 101861.

130. Prasathkumar, M.; Sakthivel, C.; Becky, R.; Dhrisya, C.; Prabha, I.; Sadhasivam, S. Fitofabricação de nanopartículas de selénio rentáveis a partir de materiais vegetais comestíveis e não comestíveis de *Senna auriculata:* Caracterização, antioxidante, antidiabético, antimicrobiano, biocompatibilidade e cicatrização de feridas. *J. Mol. Liq.* **2022**, *367*, 120337.

131. Prathipati, B.; Rohini, P.; Kola, P K.; Reddy Danduga, R. C. S. Efeitos neuroprotectores das nanopartículas lipídicas sólidas carregadas com curcumina no stress oxidativo induzido pela homocisteína na demência vascular. *Curr Opin. Behav Sci.* **2021**, *2*, 100029.

132. Prema, P.; Subha Ranjani, S.; Ramesh Kumar, K.; Veeramanikandan, V.; Mathiyazhagan, N.; Nguyen, V.-H.; Balaji, P. Síntese microbiana de nanopartículas de prata utilizando *Lactobacillus plantarum* para actividades antioxidantes e antibacterianas. *Inorg. Chem. Commun.* **2022**, *736*, 109139.

133. Pudlarz, A. M., Ranoszek-Soliwoda, K., Karbownik, M. S., Czechowska, E., Tomaszewska, E., Celichowski, G., Grobelny, J.; Chabielska, E.; Gromotowicz-Poplaawska, A.; Szemraj, J. As enzimas antioxidantes imobilizadas em nanopartículas de ouro e prata melhoram os sistemas de reparação do ADN da pele de rato após exposição à radiação ultravioleta. *Nanomed: Nanotechnol. Biol. Med.* **2022**, *43*, 102558.

134. Pushparaj, K.; Balasubramanian, B.; Kandasamy, Y.; Arumugam, V. A.; Kaliannan, D.; Arumugam, M.; Alodaini, H. A.; Hatamleh, A. A.; Pappuswamy, M.; Meyyazhagan, A. Síntese verde, caraterização de nanopartículas de prata utilizando extractos aquosos de folhas de *Solanum melongena* e avaliação in vitro da atividade antibacteriana, pesticida e anticancerígena em linhas celulares de cancro da mama MDA-MB-231 humano. *J. King Saud Univ. Sci.* **2023**, *35(5),* 102663.

135. Qiao, Z.-P.; Wang, M.-Y.; Liu, J.-F.; Wang, Q.-Z. Síntese ecológica de nanopartículas de prata utilizando um novo fungo endofítico *Letendraea* sp. WZ07: Caracterização e avaliação das actividades antioxidante, antibacteriana e catalítica (sistema 3-em-1). *Inorg. Chem. Commun.* **2022**, *138,* 109301.

136. Radwan, R. A.; El-Sherif, Y. A.; Salama, M. M. Um novo estudo bioquímico do potencial antienvelhecimento do extrato normalizado de resíduos da casca de *Eucalyptus camaldulensis* e de nanopartículas de prata. *Colloids Surf. B: Biointerfaces* **2020**, *191,* 111004.

137. Ragunathan, V.; K, C. Síntese sequencial de nanopartículas de prata assistida por micro-ondas e ultra-sons: Uma abordagem rápida, seus estudos antioxidantes, antimicrobianos e in silico. *J. Mol. Liq. 2022, 347,* 117954.

138. Rahman, A.; Chowdhury, M. A.; Hossain, N. Green synthesis of hybrid nanoparticles for biomedical applications: Uma revisão. *Appl. Surf. Sci.* ***2022**, 11,* 100296.

139. Rajaram, P.; Jeice, A. R.; Jayakumar, K. Revisão de nanopartículas de TiO2 sintetizadas em verde para diversas aplicações. *Surf. Interfaces* **2023**, *39*, 102912.

140. Rajeshkumar, S.; Nandhini, N. T.; Manjunath, K.; Sivaperumal, P.; Krishna Prasad, G.; Alotaibi, S. S.; Roopan, S. M. Síntese amiga do ambiente de nanopartículas de óxido de cobre e suas actividades antioxidantes e antibacterianas utilizando extrato de algas marinhas (*Sargassum longifolium*). *J. Mol. Struct.* **2021**, *1242,* 130724.

141. Rajkumar, G.; Sundar, R. Síntese ecológica assistida por sonoquímica de nanopartículas de prata (AgNPs) utilizando extrato de sementes de abacate: reconhecimento colorimétrico seletivo a olho nu de iões Hg^{2+} em meio aquoso. *J. Mol. Liq.* **2022**, *368,* 120638.

142. Rama, P.; Mariselvi, P.; Sundaram, R.; Muthu, K. Síntese ecológica de nanopartículas de prata a partir de extrato de folhas de *Aegle marmelos* e respectiva atividade antimicrobiana, antioxidante, anticancerígena e de degradação fotocatalítica. *Heliyon* **2023**, *9*(6), e16277.

143. Rani, N.; Rani, S.; Patel, H.; Bhavna; Yadav, S.; Saini, M.; Rawat, S.; Saini, K. Caracterização e investigação da atividade antioxidante e antimicrobiana de nanopartículas de óxido de zinco preparadas com extrato de folhas de *Nyctanthes arbor-tristis*. *Inorg. Chem. Commun.* **2023**, *150,* 110516.

144. Rasmiya Begum, S. L.; Jayawardana, N. U. Nanopartículas metálicas sintetizadas de forma verde como uma medida ecológica para a estimulação do crescimento de plantas e resistência a doenças. *Plant Nano Biology* **2023**, *3,* 100028.

145. Rey-Mendez, R.; Rodriguez-Argüelles, M. C.; Gonzalez-Ballesteros, N. Extractos de flores, caule e folhas de *Hypericum perforatum* L. para sintetizar nanopartículas de ouro: Eficácia e atividade antioxidante. *Surf. Interfaces* **2022**, *32*, 102181.

146. Ribeiro, T. C.; Sabio, R. M.; Carvalho, G. C.; Fonseca-Santos, B.; Chorilli, M. Explorando nanopartículas de sílica mesoporosa, prata e ouro para o tratamento de doenças neurodegenerativas. *Int. J. Pharm.* **2022**, *624,* 121978.

147. Rizki, I. N.; Klaypradit, W.; Patmawati. Utilização de organismos marinhos para a síntese verde de nanopartículas de prata e ouro e suas aplicações: Uma revisão. *Sustain. Chem. Pharm.* **2023**, *37*, 100888.

148. Rokkarukala, S.; Cherian, T.; Ragavendran, C.; Mohanraju, R.; Kamaraj, C.; Almoshari, Y.; Albariqi, A.; Sultan, M. H.; Alsalhi, A.; Mohan, S. Síntese verde one-pot de nanopartículas de ouro usando *Sarcophyton crassocaule*, um coral marinho

macio: Avaliação das potencialidades biológicas de degradação antibacteriana, antioxidante, antidiabética e catalítica de poluentes orgânicos tóxicos. *Heliyon* **2023,** *9*(3), e14668.

149. Rushdi, M. I.; Abdel-Rahman, I. A. M.; Attia, E. Z.; Abdelraheem, W. M.; Saber, H.; Madkour, H. A.; Amin, E.; Hassn, H. M.: Abdelmohsen, U. R. Revisão da diversidade e do potencial químico e farmacológico do género de algas verdes *Caulerpa. S. Afr. J. Bot.* ***2020,*** *132,* 226-241.

150. Sa, N.; Tejaswani, P.; Pradhan, S. P.; Alkhayer, K. A.; Behera, A.; Sahu, P K. Antidiabético e efeito antioxidante de nanopartículas magnéticas e de metais nobres de *Clitoria ternatea. J. Drug Deliv. Sci. Technol.* **2023,** *84,* 104521.

151. Salehipour, M.; Nikpour, S.; Rezaei, S.; Mohammadi, S.; Rezaei, M.; Ilbeygi, D., Hosseini-Chegeni, A.; Mogharabi-Manzari, M. Segurança das nanopartículas de estrutura metal-orgânica para aplicações biomédicas: Uma avaliação da toxicidade in vitro. *Inorg. Chem. Commun.* **2023,** *152,* 110655.

152. Salem, M. A.; Zayed, A.; Merghany, R. M.; Ezzat, S. M. Capítulo 5 - Papéis dos antioxidantes na prevenção e gestão da doença do coronavírus 2019. Em: Descoberta de medicamentos para coronavírus; Egbuna, C., Ed.; Elsevier BV: Amesterdão, 2022; pp 85-104.

153. Sallam, M. F.; Ahmed, H. M. S.; Diab, K. A.; El-Nekeety, A. A.; Abdel-Aziem, S. H.; Sharaf, H. A.; Abdel-Wahhab, M. A. Melhoria da atividade antioxidante do óleo essencial de tomilho contra o stress oxidativo induzido por nanopartículas de dióxido de titânio biossintetizadas, danos no ADN e perturbações na expressão genética in vivo. *J. Trace Elem. Med. Biol.* **2022,** *73,* 127024.

154. Salopek, B.; Krasic, D.; Filipovic, S. Medição e aplicação do zetapotencial. *Rud. Geol. Naft. Zb.* **1992,** *4*(1), 147.

155. Sanchis-Gual, R.; Coronado-Puchau, M.; Mallah, T.; Coronado, E. Nanoestruturas híbridas baseadas em nanopartículas de ouro e polímeros de coordenação funcional: Química, física e aplicações em biomedicina, catálise e magnetismo. *Coord. Chem. Rev.* **2023,** *480,* 215025.

156. Santos, M. A.; Franco, F. N.; Caldeira, C. A.; de Araujo, G. R.; Vieira, A.; Chaves, M. M. O resveratrol tem seus mecanismos protetores antioxidantes e antiinflamatórios diminuídos no envelhecimento. *Arch. Gerontol. Geriatr* **2023,** *707,* 104895.

157. Sarangi, B.; Mishra, S. P.; Behera, N. Advances in green synthesis of ZnS nanoparticles: Uma visão geral. *Mater. Sci. Semicond. Process.* **2022,** *747,* 106723.

158. Shabbir Awan, S.; Taj Khan, R.; Mehmood, A.; Hafeez, M.; Rizwan Abass, S.; Nazir,

M.; Raffi, M. *Ailanthus altissima* leaf extract mediated green production of zinc oxide (ZnO) nanoparticles for antibacterial and antioxidant activity. *Saudi J. Biol. Sci.* **2023**, *30*(1), 103487.

159. Shahid ul, I.; Bairagi, S.; Kamali, M. R. Revisão sobre nanopartículas e compósitos metálicos sintetizados a partir de biomassa verde e suas aplicações fotocatalíticas na purificação de água: Progress and perspectives. *Chem. Eng. J. Adv.* **2023**, *74*, 100460.

160. Shankar, S.; Murthy, A. N.; Rachitha, P.; Raghavendra, V. B.; Sunayana, N.; Chinnathambi, A., Alharbi, S. A.; Basavegowda, N.; Brindhadevi, K.; Pugazhendhi, A. Silk sericin conjugated magnesium oxide nanoparticles for its antioxidant, antiaging, and anti-biofilm activities. *Environ. Res.* **2023**, *223*, 115421.

161. Sharma, R.; Tripathi, A. Green synthesis of nanoparticles and its key applications in various sectors. *Mater. Today Proc.* **2022**, *48*, 1626-1632.

162. Shinde, B. H.; Shinde, P B.; Inamdar, A. K.; Patole, S. P.; Inamdar, S. N.;

Chaudhari, S. B. Tendências recentes na biossíntese de nanopartículas metálicas para aplicações ambientais. *Mater. Today Proc.* **2023**.

http s: //doi .org/ 10.1016/j.matpr.2023.04.611.

163. Singh, K.; Gupta, V. Microscópico eletrónico de varrimento de emissão de campo, difração de raios X e análise espectroscópica ultravioleta de nanopartículas de prata à base de *Terminalia bellerica* e avaliação da sua atividade antioxidante, catalítica e antibacteriana. *Heliyon* **2023**, e16944. https://doi.org/10.1016/j.heliyon.2023.e16944.

164. Singh, M. K.; Singh, A. (2022). Capítulo 13 - Análise de infravermelho por transformada de Fourier (FTIR). Em: Characterization of Polymers and Fibres; Singh et al., Eds.; Woodhead Publishing; Cambridge, 2022; pp 295-320.

165. Sinha, S.; Jeyaseelan, C.; Singh, G.; Munjal, T.; Paul, D. Capítulo 8 - Espectroscopia - Princípio, tipos e aplicações. In: Basic Biotechniques for Bioprocess and Bioentrepreneurship; Bhatt et al., Eds.; Academic Press: Londres, 2023; pp 145-164.

166. Sivakavinesan, M.; Vanaja, M.; Lateef, R.; Alhadlaq, H. A.; Mohan, R.; Annadurai,

G. Ahamed, M. *Citrus limetta* Risso peel mediated green synthesis of gold nanoparticles and its antioxidant and catalytic activity. *J. King Saud Univ. Sci.* **2022**, *34(7)*, 102235.

167. Sivakumar, S.; Subban, M.; Chinnasamy, R.; Chinnaperumal, K.; Nakouti, I.; El-Sheikh, M. A.; Shaik, J. P. Nanopartículas de prata sintetizadas de forma ecológica utilizando o extrato de folha de *Andrographis macrobotrys* Nees e o seu potencial para efeitos antibacterianos, antioxidantes, anti-inflamatórios e de citotoxicidade em células de cancro do pulmão. *Inorg. Chem. Commun.* **2023**, *753*,110787.

168. Srividya, D.; Seema, J. P.; Prabhurajeshwar; Navya, H. M. (2023). Capítulo 9 - Metalonanopartículas microbianas - uma alternativa à síntese tradicional de nanopartículas. Em: Environmental Applications of Microbial Nanotechnology; Singh et al., Eds.; Elsevier B.V.: Amesterdão, 2023; pp 149-166.

169. Suppiah, D. D.; Julkapli, N. M.; Sagadevan, S.; Johan, M. R. Abordagem de síntese ecológica e avaliação das aplicações ambientais e biológicas de nanopartículas de óxido de ferro. *Inorg. Chem. Commun.* **2023**, *752*, 110700.

170. Susmitha, A.; Arya, J. S.; Sundar, L.; Maiti, K. K.; Nampoothiri, K. M. Sortase Emediated site-specific immobilization of green fluorescent protein and xylose dehydrogenase on gold nanoparticles. *J. Biotechnol.* **2023**, *367*, 11-19.

171. Tapeinos, C. (2018). 9 - Nanopartículas magnéticas e suas bioaplicações. In: Smart Nanoparticles for Biomedicine; Ciofani, G., Ed.; Elsevier B.V.: Amesterdão, 2018; pp 131-142

172. Tettey, C. O.; Shin, H. M. Avaliação das atividades antioxidantes e citotóxicas de nanopartículas de óxido de zinco sintetizadas usando a raiz de *Scutellaria baicalensis*. *Sci. Afr.* **2019**, *6*, e00157.

173. Thakur, N.; Ghosh, J.; Pandey, S. K.; Pabbathi, A.; Das, J. Uma revisão exaustiva da biossíntese de nanopartículas de óxido de magnésio e das suas actividades antimicrobianas, anticancerígenas e antioxidantes, bem como do estudo da toxicidade. *Inorg. Chem. Commun.* **2022**, *146*, 110156.

174. Thanh Huong, Q. T.; Hoai Nam, N. T.; Duy, B. T.; An, H.; Hai, N. D.; Kim Ngan,

H. T.; Ngan, L. T.; Nhi, T. L. H.; Linh, D. T. Y.; Khanh, T. N.; Thu, D. V. A.; Nguyen, H. H. Filmes de quitosano estruturalmente naturais decorados com extrato de *Andrographis paniculata* e nanopartículas de selénio: Propriedades e conservação do morango. *Food Biosci.* **2023**, *53*, 102647.

175. Thipe, V. C.; Karikachery, A. R.; Qakilkaya, P.; Farooq, U.; Genedy, H. H.; Kaeokhamloed, N.; Phan, D.-H.; Rezwan, R.; Tezcan, G.; Roger, E.; Katti, K. V. Green nanotechnology-An innovative pathway towards biocompatible and medically relevant gold nanoparticles. *J. Drug Deliv. Sci. Technol.* **2022**, *70*, 103256.

176. Thukral, P.; Chowdhury, R.; Sable, H.; Kaushik, A.; Chaudhary, V. Sustainable green synthesized nanoparticles for neurodegenerative diseases diagnosis and treatment. *Mater. Today: Proc.* **2023**, *73*, 323-328.

177. Tolisano, C.; Del Buono, D. Biobased: Os bioestimulantes e as nanopartículas biogénicas entram em cena. *Sci. Total Environ.* **2023**, *885*, 163912.

178. Varghese, B. A.; Nair, R. V. R.; Jude, S.; Varma, K.; Amalraj, A.; Kuttappan, S. Síntese ecológica de nanopartículas de ouro utilizando extrato de rizoma de *Kaempferia parviflora* e sua caraterização e aplicação como agente antimicrobiano, antioxidante e de degradação catalítica. *J. Taiwan Inst. Chem. Eng.* **2021**, *126*, 166-172.

179. Veeraraghavan, V. P.; Periadurai, N. D.; Karunakaran, T.; Hussain, S.; Surapaneni, K. M.; Jiao, X. Síntese ecológica de nanopartículas de prata a partir de extrato aquoso de *Scutellaria barbata* e revestimento do tecido de algodão para aplicações antimicrobianas e atividade de cicatrização de feridas em células de fibroblastos (L929). *Saudi J. Biol. Sci.* **2021**, *28*(7), 3633-3640.

180. Venkatalakshmi, N.; Jyothi Kini, H.; Bhojya Naik, H. S. Nanopartículas de óxido de níquel sintetizadas de forma ecológica: Aplicações magnéticas e biomédicas. *Inorg. Chem. Commun.* **2023**, *151*, 110490.

181. Virupannanavar, D.; Shah, M. A.; Assad, R. Capítulo 19 - Aproveitamento das aplicações biomédicas dos bionanomateriais através da abordagem ómica. In: Synthesis of Bionanomaterials for Biomedical Applications; Ozturk et al., Eds.; Elsevier B.V.: Amesterdão, **2023**; pp 379-394.

182. Capítulo 16 - Vias de regulamentação e perspectivas federais sobre nanopartículas. In: Nanoparticle Therapeutics; Kesharwani et al., Eds.; Academic Press: Londres, **2022**; pp 563-271.

183. Wang, G.; Shen, X.; Song, X.; Wang, N.; Wo, X.; Gao, Y. Mecanismo de proteção das nanopartículas de ouro em células estaminais neurais humanas lesadas pela proteína ß-amiloide através da via miR-21-5p/SOCS6. *NeuroToxicology* **2023**, *95*, 12-22.

184. Wang, G.; Zhao, K.; Gao, C.; Wang, J.; Mei, Y.; Zheng, X.; Zhu, P Síntese ecológica de nanopartículas de cobre utilizando grãos de café verde e suas aplicações para a redução eficiente de corantes orgânicos. *J. Environ. Chem. Eng.* **2021**, *9*(4), 105331.

185. Wang, X.; Tian, Y.; Gao, X.; Zhang, W.; Sun, Z.; Sun, X.; Guo, Y.; Li, H.; Li, F. Um novo sensor de fluorescência para a deteção de estreptomicina com base em DNA-AgNCs em gancho e nanopartículas de ouro-paládio com casca. *Sens. Actuators B Chem.* **2022**, *373*, 132735.

186. Wu, L.; Huang, H.; Yao, L. Nanopartículas de Ag decoradas de forma ecológica na superfície do extrato de folhas de chá de *Hibiscus* modificado com óxido de grafeno reduzido: Investigação dos seus efeitos contra o carcinoma do pulmão. *S. Afr J. Bot.* **2023**, *158*, 190-196.

187. Xiao, S.; Mao, L.; Xiao, J.; Wu, Y.; Liu, H. As nanopartículas de selénio inibem a formação de aterosclerose em ratinhos deficientes em apolipoproteína E, atenuando a hiperlipidemia e o stress oxidativo. *Eur J. Clin. Pharmacol.* **2021**, *902,* 174120.

188. Yang, H., Zhu, C., Yuan, W., Wei, X., Liu, C., Huang, J., Yuan, M.; Wu, Y.; Ling, Q.; Hoffmann, P. R.; Chen, T.; Huang, Z. Nanopartículas de selénio funcionalizadas com oligossacáridos ricos em manose medeiam a reprogramação de macrófagos e a resolução da inflamação na colite ulcerosa. *Chem. Eng. J.* **2022**, *435,* 131715.

189. Yang, J.; Ju, P.; Dong, X.; Duan, J.; Xiao, H.; Tang, X.; Zhai, X.; Hou, B. Síntese ecológica de nanopartículas metálicas funcionais por bactérias redutoras de metais dissimilares "Shewanella": Uma revisão abrangente. *J Mater Sci Technol.* **2023**, *158*, 63-76.

190. Yang, Y.; Zhang, N.; You, Q.; Chen, X.; Zhang, Y.; Zhu, L. Novos conhecimentos sobre a cloração multietapas de nanopartículas de prata em ambientes aquáticos. *Water Res.* **2023**, *240*, 120111.

191. Ying, S.; Guan, Z.; Ofoegbu, P C.; Clubb, P; Rico, C.; He, F.; Hong, J. Green synthesis of nanoparticles: Desenvolvimentos e limitações actuais. *Environ. Technol. Innov* **2022**, *26,* 102336.

192. Yingngam, B.; Chiangsom, A.; Pharikarn, P; Vonganakasame, K.; Kanoknitthiran, V.; Rungseevijitprapa, W.; Prasitpuriprecha, C. Otimização de nanocápsulas carregadas com mentol para aplicação cutânea utilizando a metodologia de superfície de resposta. *J. Drug Deliv Sci. Technol.* **2019**, *53*, 101138.

193. Yingngam, B.; Kacha, W.; Rungseevijitprapa, W.; Sudta, P; Prasitpuriprecha, C.; Brantner, A. Response surface optimization of spray-dried citronella oil microcapsules with reduced volatility and irritation for cosmetic textile uses. *Powder Technol.* **2019**, *355,* 372-385.

194. Zamzuri, M. A. I. A.; Mansor, J.; Nurumal, S. R.; Jamhari, M. N.; Arifin, M. A.; Nawi, A. M. Herbal antioxidants as tertiary prevention against cardiovascular complications in type 2 diabetes mellitus: Uma revisão sistemática. *J. Herb. Med.* **2023**, *37*, 100621.

195. Zhang, F.; Jia, J.; Yao, X. Extrato aquoso de folhas de *Allium ampeloprasum* verde-

nanopartículas de Ag formuladas: Determinação dos efeitos anti-cancro do pulmão humano e antioxidantes. *J. Eng. Res.* **2023**, 100091.

https://doi.org/10.1016/j.jer.2023.100091.

196. Zhang, Y.; Gao, W.; Ma, Y.; Cheng, L.; Zhang, L.; Liu, Q.; Chen, J.; Zhao, Y.; Tu, K.; Zhang, M.; Liu, C. (2023). Integração de nanopartículas de Pt com nanodots de

carbono para obter uma nanozima robusta de superóxido dismutase-catalase em cascata para terapia antioxidante. *Nano Today* **2023**, *49,* 101768.

197. Zia-ur-Rehman, M.; Anayatullah, S.; Irfan, E.; Hussain, S. M.; Rizwan, M.; Sohail, M. I.; Jafir, M.; Ahmad, T.; Usman, M.; Alharby, H. F. Regulação assistida por nanopartículas do stress oxidativo e do sistema de enzimas antioxidantes em plantas sob stress salino: Uma revisão. *Chemosphere* **2023**, *314,* 137649.

CAPÍTULO 2

Compreender a potencial toxicidade das nanopartículas verdes

KAVITA ARORA1*, SANGEETA SEN2

[1]*Departamento de Botânica, National P.G. College, Lucknow, Uttar Pradesh, Índia*

[2]*Doutoramento em Biotecnologia Vegetal, Bangalore, Karnataka, Índia, Email: sensangeeta@gmail.com*

Autor correspondente. Correio eletrónico: drkarora17@gmail.com

1. INTRODUÇÃO

De acordo com a Organização Internacional de Normalização, as nanopartículas (NP) foram definidas como os "materiais" com um tamanho até 100 nm, "correspondente a quase um bilionésimo de metro"[1] que lhes confere as suas propriedades vantajosas [2]. Rana (2020)[3] descreveu-a como a "manipulação e controlo da matéria de tal forma que uma das suas dimensões se situa num intervalo de 1-100 nm". Devido ao seu tamanho e forma reduzidos, o ser humano formulou muitas misturas e ligações em NP, o que justifica as propriedades físicas, químicas, magnéticas, catalíticas, electrónicas e ópticas únicas e melhoradas das NP em comparação com os materiais de base[4,] 5. As NP podem ser classificadas em vários tipos, em função do seu modo de síntese, tamanho, dimensionalidade e outras propriedades físicas ou através da natureza do seu material, como as à base de carbono, dedriméricas, poliméricas, metálicas, não metálicas, lipossómicas e micélicas .[6-8]

Ao longo dos anos, tem-se verificado um aumento exponencial da necessidade de NP em vários domínios, como a agricultura, a biologia, a química, a engenharia ambiental, as ciências dos materiais e a física[3,9,1] 0, começando pelos fármacos, ferramentas de corte e revestimentos resistentes ao desgaste, pigmentos em tintas, películas finas em instrumentos electrónicos, joalharia, polimento de água ótica e de semicondutores em 2002, até aos biossensores, transdutores, detectores de fluidos funcionais, aditivos retardadores de chama, propulsores, bocais, válvulas, distribuição de medicamentos, separação biológica e magnética e cicatrização de feridas em 2009[2] . Para além disso, a cimentação de ossos, o tratamento de água e a esterilização de áreas de cuidados de saúde têm sido algumas das aplicações[1] . No sector industrial, as NPs mais procuradas incluem o óxido de titânio (TiO_2), o óxido de zinco (ZnO) e o óxido de silício (SiO_2)[4] . No entanto, as NP metálicas são consideradas melhores do que as NP de materiais de base não metálicos à medida que o rácio de volume aumenta[11] . Entre estas, as NP de TiO2 têm muitas aplicações e são utilizadas para o tratamento de águas residuais fotocatalíticas, para a purificação do ar, juntamente com a sua utilização como sensores e efeitos biológicos contra bactérias, vírus e crescimento de cancro. Além disso, esta NP também é utilizada quando adicionada a pastas de dentes, tintas, plásticos, medicamentos, embalagens de alimentos agrícolas, etc. Para além destas, a NP de prata (Ag)[12] , a NP de zinco (Zn)[11] , a NP de ouro (Au), a NP de cobalto (Co), a NP de óxido de alumínio (AL_3O_4), a NP de óxido de ferro (Fe_3O_4), a NP de platina (Pt)[13] , a NP de paládio (Pd)[14] e a NP de óxido de cobre (CuO)[5] são também utilizadas no domínio da agricultura, do ambiente, da indústria e do sector médico. Com os crescentes avanços da ciência e da tecnologia, as NP estão hoje prontas a ser utilizadas em nanoelectrónica, nanofontes de energia, ecrãs flexíveis de alta qualidade, interruptores mais rápidos, sensores ultra-sensíveis, sistemas nanoelectromecânicos (NEMS) e como biomateriais para órgãos artificiais[2] . São necessários agentes protectores para manter a estabilidade das NP, que, por sua vez, estão na origem da toxicidade[11] . Assim, verificou-se que as NP produzidas convencionalmente também estão associadas a efeitos nocivos para a saúde de forma secundária, juntamente com o impacto negativo no ambiente devido à libertação de produtos químicos tóxicos[4,7,15,1] 6. De facto, embora a NP de prata, apesar de ser altamente benéfica para os seres humanos em muitos aspectos, tem sido contestada por induzir muitos impactos desfavoráveis, o que faz com que não seja considerada na classificação do regulamento europeu sobre substâncias químicas[12] . De facto, a toxicidade potencial da NP dificulta a sua utilização no domínio médico[17] . De facto, as NP de alumínio induziram a morte de células neuronais, enquanto as NP de ouro provocaram a condensação da cromatina e prejudicaram a libertação de progesterona 7.

Os mecanismos primários através dos quais ocorrem os danos nas células são o comprometimento físico da membrana, ou alterações estruturais nos componentes associados ao citoesqueleto, ou devido a perturbações da transcrição e danos oxidativos no ADN ou no funcionamento lisossomal, comprometimento das mitocôndrias, formação de espécies reactivas de oxigénio (ROS), levando a stress oxidativo, peroxidação lipídica, inibição da cadeia de transporte de electrões, malformação das funções das proteínas da membrana e geração de indutores e mediadores inflamatórios[3,13,1] 7. O stress oxidativo também levou ao aumento da atividade enzimática da catalase (CAT), que acaba por causar apoptose e perturba a homeostase celular[18] . Além disso, verificou-se um aumento dos níveis de expressão proteica da Caspase-3 nas células hepáticas[19] ; no entanto, em contrapartida, uma diminuição da ação da desidrogenase prejudica a cadeia respiratória, tornando as células inviáveis[9] . Além disso, a toxicidade da NP diminui os níveis de ATP (adenosina trifosfato) e afecta a expressão dos genes. Em alguns casos, uma forte ligação ao grupo tiol tende a causar a toxicidade[20] . A figura 3.1 ilustra o mecanismo de toxicidade das NP, tal como descrito por Sengul e Asmatulu (2020) .[13]

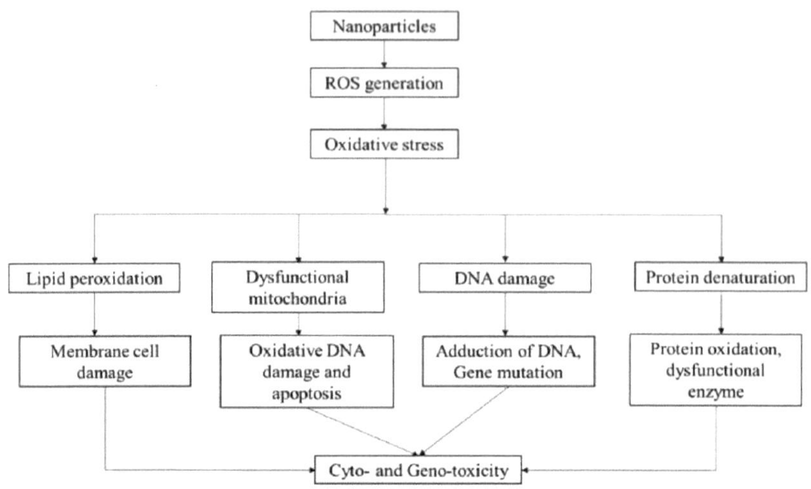

FIGURA 1 Mecanismo de toxicidade da NP (Fonte: Baseado em)[13]

Com a tendência emergente dos conceitos "verdes", este conceito foi também alargado às NP, sendo estas designadas como NP verdes quando sintetizadas de forma ecológica e ambientalmente sustentável[21,2] 2. Os produtos que utilizam esta nanotecnologia verde são supostamente menos perigosos para o ambiente e para a saúde dos seres vivos. No entanto, tanto a citotoxicidade como a genotoxicidade foram registadas em NP sintetizadas biogenicamente 8,[18,23] . A genotoxicidade é definida como as "alterações genéticas destrutivas que envolvem mutações genéticas, aberrações cromossómicas estruturais e recombinação induzidas por genotoxinas", que danificam a sequência do ADN 8. A via genotóxica tem três categorias amplas: a) Primária direta, em que o ADN é afetado devido à replicação, transcrição e estrutura, enquanto o efeito nos cromossomas ocorre aos níveis clustogénico e aneugénico; b) Primária indireta, em que o efeito ocorre em proteínas nucleares como os centríolos ou nos pontos de controlo do ciclo celular dos cromossomas, o que também leva à replicação, transcrição, proteínas de reparação e geração de ROS.

Este estudo pretende centrar-se na compreensão da potencial toxicidade das NP verdes sintetizadas biologicamente, através da revisão da literatura existente neste contexto. Esta revisão começa com breves notas sobre a definição de NP verdes, a sua síntese, caraterísticas, aplicações, com especial ênfase na análise toxicológica e, finalmente, conclui com a lacuna de investigação que será a base para o futuro âmbito da investigação.

2. SÍNTESE DE NANOPARTÍCULAS VERDES

Foram comunicadas duas abordagens gerais para a síntese de nanopartículas metálicas, que incluem o método descendente e o método ascendente [24]. Na síntese descendente, a maior parte dos sólidos é fisicamente quebrada ou dissociada, ao passo que no método ascendente, os átomos são montados química ou biologicamente[2,1] 2. Estes métodos foram designados em função da fonte de electrões ou dos tipos de agentes redutores, como álcoois, ácidos ascórbicos, citrato de sódio, etc. [5,6]. Os métodos físicos seguem a ordem superior de síntese, tais como descarga de arco, processo de moagem de bolas, descarga de fio pulsado, trituração, explosão, evaporação-condensação, abordagem de decomposição térmica, ablação por laser, pulverização catódica, método de Turkevich, gravura química, fotoirradiação, pirólise por pulverização, ultra-sonificação, eletrólise, síntese de copolímeros em bloco e processos litográficos, utilizando o eletrão como fonte física [2,4,7,1] 2. Em contrapartida, os métodos químicos, como a técnica sol-gel, a pirólise, a deposição química de vapor (CVD), a condensação atómica, o processo de aerossol, a hidrotermia, a fotoquímica, a sonoquímica, a co-precipitação, a redução eletroquímica, a microemulsão, a micela inversa e os métodos solvotérmicos, que utilizam uma fonte química, e todas as sínteses biológicas, cuja fonte são biomoléculas ou organismos, são abrangidos pelas abordagens ascendentes [5]. Esta abordagem é considerada melhor do que a abordagem top-up [11]. Entre os três métodos, as abordagens físicas são morosas, requerem mais energia e sistemas de apoio dispendiosos, enquanto os métodos químicos causam problemas ecotoxicológicos[4] . Uma vez que o presente documento de revisão se centra principalmente nas NP verdes, os aspectos relativos à síntese biológica de NP apenas foram discutidos a seguir. A discussão sobre as restantes técnicas de síntese ultrapassa o âmbito do presente documento.

Quanto ao método biológico ou verde, foi definido como o "conjunto de procedimentos que utilizam métodos não perigosos ou reagentes não químicos para a produção de NP", o que ocorre devido à utilização de processos naturais para a produção [12]. Dentro dos métodos biológicos, existem dois tipos de síntese, a saber, a síntese biológica e a fitossíntese[4] . Três etapas principais constituem a síntese verde, sendo a primeira denominada fase de ativação, seguida da fase de crescimento e culminando numa fase de terminação[6] . De acordo com Rajasekhar e Kanchi (2019) [25], é chamada de síntese verde quando as NP são mediadas por partes de plantas, como raízes, folhas, frutos, cascas, látex, bem como flores, pólen ou seus extratos, ou micróbios, tais como fungos como *Phoma, Fusarium, Verticillium, Aspergillus, Trichoderma asperellum, Phanerochaete,* bactérias *(Pseudomonas, Bacillus, Shewanella, Lactobacillus, Escherichia coli, Clostridium, Rhodopseudomonas, Theromonospora, Streptomyces*, e *Klebsiella),* vírus (vírus do mosaico do tabaco, bacteriófagos M13), leveduras *(Pichia, Torulpsis, Candida glabrata, Schizosaccharomyces pombe*), actinomicetas, juntamente com microalgas marinhas ou biomoléculas como enzimas, proteínas, fitoquímicos como alcalóides, terpenóides, fenóis, flavonóides, esteróides, ácido carboxílico, glicosídeos e vitaminas ou resíduos industriais e agrícolas 26. Foi salientado que a serralha branca, o *Aloé vera, a anona*, a *Bauhinia variegata, o Citrus reticulata, a Cucurma longa, a* manga, *a Murraya koenigii* e o manjericão são algumas das plantas com potencial para a síntese de TiO2 NP 4. Do mesmo modo, foram utilizados extractos de *Trifolium pratense, Eucalyptus globulus, Aloe vera,* manjericão, neem, chá verde, *Moringa oleifera,* framboesa, etc. para a síntese de ZnO NP 9. Além disso, invertebrados como minhocas 27, caranguejos 28, etc. também foram utilizados como fonte de síntese biológica. Outros metabolitos úteis na redução e estabilização de iões metálicos incluem a vitamina B12, a diosgenina, o ácido tânico, a cianidina, a quertcedina, a esterubina, o caroteno e o eugenol[4] . Entre as algas, as algas castanhas e verdes, juntamente com as cianobactérias, são os elementos mais comuns da síntese verde de NP de prata[29] . Em todas estas opções biológicas, verificou-se que a síntese mediada por fungos tem uma taxa de síntese mais rápida, bem como uma maior capacidade de bioacumulação, enquanto a síntese mediada por plantas tem um âmbito mais alargado[12] . Foi afirmado que a utilização de plantas para a utilização de NP em medicamentos remonta a tempos antigos na Índia, fazendo parte da antiga Ayurveda[30] . Além disso, Aslam et al. (2021)4 interpretaram que, ao utilizar extractos de plantas, a morfologia das NP varia de esférica a irregular, tipo bastonete, oval, hexagonal. Vários factores determinam a síntese ecológica de NP, tais como a concentração de extractos de plantas, sais metálicos, temperatura e pH[6] . Esta abordagem é também conhecida como abordagem de acumulação, em que micróbios (fungos, algas, bactérias), outras biomoléculas como o amido, polissacáridos, ácido oleico, gelatina, flavonóides ou materiais à base de lípidos, ou folhas, látex ou frutos de plantas, quer sob a forma de polpa ou casca, ou mesmo utilizados como extractos de corpo inteiro 9.

3 VANTAGENS E APLICAÇÕES ESPECÍFICAS DA SÍNTESE VERDE DE NANOPARTÍCULAS

Sabe-se que as NP verdes têm múltiplas aplicações no domínio da energia, incluindo a utilização em dispositivos de armazenamento e conversão de energia[2] , no domínio dos cuidados de saúde[12] , da agricultura, da defesa, da agroquímica e do armazenamento de energia[6] . Estão a ser utilizados em cosméticos, dispositivos médicos, fotoimagem, terapia fototérmica, administração de medicamentos magneticamente reactivos, tratamento de vários tipos de cancro, diagnóstico e terapias para a artrite, doença de Alzheimer, problemas cardiovasculares, cirrose, diabetes, vírus da imunodeficiência humana (VIH), hepatite e doença de Parkinson, remediação de solos, agentes de microincrustação e rotulagem de células 3,[6,31] . Juntamente com as utilizações antimicrobianas[3,2] 6, as NP verdes têm propriedades mosquitocidas, o que implica uma toxicidade direta para os mosquitos e mesmo para alguns organismos não visados[1] . Além disso, foi referido que as NP de prata verde degradam cataliticamente corantes tóxicos como o azul de metileno, o 4-nitrofenol, a nitroanilina e o vermelho do Congo[32] . As NP foram consideradas como um "instrumento potente" para a remoção de poluentes, sendo assim utilizadas para a bioremediação[6] . Para além de reduzir os riscos de danos ambientais, a NP verde é conhecida por ser uma "alternativa mais segura" em comparação com as técnicas existentes, em que são utilizados solventes e produtos químicos nocivos e tóxicos para a síntese[2] . Além disso, verifica-se uma diminuição dos níveis de libertação de subprodutos indesejáveis, que constituem ameaças para a saúde[12] . Na agricultura, a interação de NP metálicas aumenta o nível de nutrientes, aumenta a resistência das plantas, estimula o seu crescimento, aumenta o rendimento das culturas e melhora a sua qualidade 33. Algumas das vantagens comuns das NP produzidas através de síntese verde em relação à produção convencional incluem a sua natureza simples, económica e amiga do ambiente 3[4] . Observou-se que as NP de prata produzidas com recurso a algas apresentam vantagens adicionais, como a diminuição da temperatura de reação e a formação de NP relativamente mais suaves[12] . Embora a síntese verde tenha o seu próprio conjunto de vantagens, existem também algumas desvantagens. Estas incluem a redução difícil dos iões de prata pelos metabolitos produzidos por algumas algas como *Chlorella, Chaetoceros, Isochrysis* e *Tetraselmis*. Este método é dificultado pelo material, que inclui a distribuição e a aquisição de plantas de origem, o valor das matérias-primas e a sazonalidade das plantas, enquanto a síntese é prejudicada por temperaturas e pressões elevadas, um tempo de reação mais longo e a aplicação de reagentes químicos[14] . Por vezes, a forma e o tamanho desiguais e estranhos também conduzem a um baixo rendimento, comprometendo a qualidade das NP sintetizadas biologicamente. A aplicação também pode ser afetada pela diminuição da eficiência de remoção e por condições de aplicação restritas. Embora as aplicações antimicrobianas tenham sido evidenciadas em muitas NP, especialmente sempre que foi utilizado um extrato de planta, o mecanismo real de inibição permanece desconhecido[3,4] . Por conseguinte, pode concluir-se que as NP podem ter um impacto citotóxico e genotóxico nas formas celulares eucarióticas[3,] 8.

4. ANÁLISE TOXICOLÓGICA DAS NANOPARTÍCULAS VERDES

A toxicidade de qualquer NP depende da sua carga superficial, do revestimento da superfície, da relação superfície-volume, da via de exposição, dos meios de administração no corpo vivo, da concentração, da duração interactiva da administração da NP, da sua biodisponibilidade, bioacumulação, absorção a nível celular, estabilidade nos biofluidos, de quaisquer modificações *in vivo* nos sistemas biológicos e da sua disseminação nos tecidos[9,12,3] 5. Juntamente com a concentração de NP, os níveis de toxicidade variam consoante o sexo do animal testado 36, o material de origem da NP sintetizada[37] , bem como a sua estrutura cristalina 17. No âmbito das vias de exposição, a inalação, a absorção dérmica, a ingestão e a eliminação de resíduos podem ocorrer durante o desenvolvimento e a síntese, enquanto a exposição também pode ocorrer durante a aplicação através da ingestão, inalação, injeção no sistema, a partir de implantes e da adesão de materiais transportados pelo ar 16. Além disso, a natureza perigosa das NP foi associada aos seus atributos físicos e químicos, tamanho, forma, composição química, invólucro, etc.[17] . As NP de prata são capazes de causar "danos graves nos compartimentos e organelos intracelulares" e a remoção completa da prata depositada no corpo é difícil[9] . Para além da toxicidade devida aos materiais, a toxicidade das NP aumenta devido ao aumento da sua área de superfície e à atividade relativamente elevada da superfície, o que as torna facilmente perfuráveis através das membranas biológicas, como as paredes e as membranas celulares [2]. Algumas das doenças relacionadas com as NP incluem asma e bronquite nos pulmões; arteriosclerose e trombos no sistema circulatório; arritmia e mortalidade, perturbações nos rins e no fígado; podoconiose e sarcoma de Kaposi no sistema linfático; dermatite e urticária na pele; doença de Crohn e cancro do cólon no sistema gastrointestinal [13]. Numa revisão efectuada por Sengul & Asmatulu (2020)[13], argumentou-se que existe uma acumulação de NP em órgãos sensíveis dos animais, como o coração, o cérebro, a pele e os rins. Foi argumentado que as NP de prata causam uma toxicidade grave no sistema reprodutor masculino e afectam a produção de espermatozóides [38]. Em geral, as NP metálicas, como a prata, o ouro e o zinco, podem induzir toxicidade renal, pulmonar, hepática e neurotóxica nos indivíduos [9].

A maior parte dos estudos toxicológicos foram realizados com as NP sintetizadas convencionalmente[9, 13, 16, 17] e quase não descrevem qualquer influência negativa direta que as NP sintetizadas em verde tenham nos seres humanos (exceto[39]). Um dos métodos mais comuns de avaliação da toxicidade inclui a consideração da percentagem de germinação de plantas como o *Allium cepa* [18,40] . Do mesmo modo, a percentagem de germinação, a taxa de germinação, o comprimento do rebento e da raiz de plântulas de alface e tomate foram avaliados durante a avaliação da fitotoxicidade de NP de CuO sintetizadas biogenicamente a partir de chá verde e alfazema[5] . A toxicidade das NP de óxido de titânio no trigo foi analisada através de aspectos morfofisiológicos como o comprimento da raiz, o comprimento do rebento, a altura da planta, o peso dos rebentos e das raízes (secos e frescos), o número de folhas por planta; o teor relativo de água, o índice de estabilidade da membrana (MSI) e os teores de clorofila nas folhas, como a clorofila a, a clorofila b e a clorofila total [41]. Num estudo separado, o crescimento e o desenvolvimento de plantas como a lentilha-d'água comum, Lemna minor, foram tomados em consideração, incluindo o número de frondes, colónias e níveis de pigmentos necessários para a fotossíntese [42]. Do mesmo modo, foram também examinados parâmetros de crescimento como a taxa de crescimento relativo e o número relativo de frondes das plantas. Além disso, foi também examinado o teor de pigmentos fotossintéticos, nomeadamente a clorofila a, b, e o total e a acumulação de anião superóxido. Juntamente com os ensaios enzimáticos, foram comparados o teor de fenóis totais e de flavonóides totais nas plantas [43].

Nos testes de toxicidade *in vivo*, os investigadores consideraram como marcadores os sinais clínicos, a perda ou o aumento de peso, a morbilidade e a morte dos animais [31], enquanto a concentração inibitória a 50% (IC50) actuou como medida da toxicidade[20] . Por vezes, animais como os peixes-zebra [10,18] , a tilápia [34] ou ratos/camundongos [44, 13, 39, 2, 5, 6, 34, 45] ou mesmo as larvas da traça-das-crucíferas[46] foram considerados os organismos experimentais em que a toxicidade foi testada. Ao estudar a toxicidade da sílica NP na lagarta do tabaco, o bioensaio incluiu a mortalidade das larvas, a deformação das larvas, a deformação das pupas e a deformação dos adultos 47. Em casos raros, a toxicidade das NP sintetizadas biologicamente foi avaliada quanto à propensão antiproliferativa das linhas celulares humanas[37,48] . No âmbito da análise bioquímica, foram realizados ensaios para estimar o teor de proteínas, a atividade da peroxidase, a atividade da catalase, a atividade da protease, o malondialdeído, o fenol total e a capacidade antioxidante[40] . O teste de toxicidade aguda da NP sintetizada biogenicamente foi efectuado em peixes de água doce, utilizando o processo semi-estático, onde foram monitorizadas a mortalidade e as alterações comportamentais e morfológicas[34] . Nos ratos, a avaliação da toxicidade foi efectuada através do peso do corpo e dos órgãos, da análise hematológica dos glóbulos brancos (WBC), dos glóbulos vermelhos (RBC), da hemoglobina (Hb), da Hb corpuscular média (MCH) e da concentração de Hb corpuscular média (MCHC), do exame bioquímico da transaminase glutâmico pirúvica sérica (SPGT), exame histopatológico (Kulkarni2020), enquanto que nos peixes-zebra se estudou a sua taxa de sobrevivência, a taxa de eclosão das larvas e as deformações durante a reprodução e a desova, juntamente com a tigmotaxia que envolve o índice de ansiedade, para compreender o nível de toxicidade[10] . Num estudo dependente da dose utilizando a NP de prata sintetizada biologicamente, os níveis de neurotoxicidade dos ratos foram calculados a partir do stress oxidativo, da acetilcolinesterase, das monoaminas, etc.[35] . Noutro estudo, a avaliação da citotoxicidade das NP de ouro foi realizada utilizando os ensaios de brometo de 2-(4,5-dimetiltiazol-2-il)-2, 5-difeniltetraólio (MTT) em linhas celulares, enquanto que para os estudos *in vivo* foram realizados testes histológicos em órgãos de ratos[45] . A avaliação hematológica inclui a contagem de glóbulos vermelhos, níveis de hemoglobina, percentagens de hematócrito, leucócitos totais, bem como contagens diferenciais de leucócitos 19. Para além disso, foi também estimado o nível de enzimas séricas da função hepática e renal, como a Alanina transaminase (ALT) e a Aspartato transaminase (AST), e biomarcadores apoptóticos, como o gene *p53*. Num estudo separado sobre a avaliação toxicológica de ratos, a análise bioquímica também incluiu fosfatase alcalina (ALP), bilirrubina total (TB), albumina (AB), proteínas totais (TP), creatinina, azoto ureico corporal (BUN), colesterol total, triglicéridos, lactato desidrogenase (LDH), creatinina fosfoquinase (CPK), juntamente com electrólitos de sódio, potássio e cloreto[36] . Além disso, para avaliar a toxicidade, foram realizados ensaios de labirinto em Y, labirinto em cruz elevado (EPM), reconhecimento de objectos novos (NOR), memória espacial utilizando o labirinto aquático de Morris (MWM) e ensaio de fluorescência de produtos fluorescentes lipofílicos (LFPs)[44] . Numa revisão sistemática sobre as NP verdes, concluiu-se que a eficácia predatória e a mortalidade constituem cerca de 88% dos ensaios de avaliação realizados para testar a segurança das NP, seguidos da genotoxicidade (4%), da longevidade, da atividade enzimática e da atividade de natação (2% cada) 1. A viabilidade celular das células mononucleares do sangue periférico de indivíduos saudáveis foi testada em termos de toxicidade contra a NP de prata sintetizada a verde .[39]

A Tabela 1 resume alguns dos estudos em que as NP verdes revelaram efeitos tóxicos e não tóxicos em vários organismos vivos. O impacto tóxico pode dever-se ao facto de as NP sintetizadas biologicamente terem medidas semelhantes às das biomoléculas críticas, como as enzimas, os ácidos nucleicos e as proteínas, facilitando assim a translocação para outros órgãos[3] . Existe uma quantidade considerável de toxicidade que pode eventualmente constituir uma ameaça para a sobrevivência dos seres vivos 1[8] . A avaliação da ecotoxicidade em *Allium cepa* e peixe-zebra revelou uma mortalidade de cem por cento quando expostos a NP sintetizadas em verde-prata. Do mesmo modo, a avaliação toxicológica das formulações de ferro nano sintetizadas biologicamente através da massa corporal e dos órgãos, da análise hematológica, da bioquímica e da histopatologia revelou a toxicidade da NP entre 10 e 100 mg/kg[23] . Verificou-se um nível agudo de toxicidade nos ratos Sprague-Daley com NP biologicamente sintetizada, apesar de não se registarem sintomas clínicos[36] . No entanto, nalguns casos, não houve indicação de toxicidade, como necrose, inflamação, etc., por parte das NP de ouro, o que implica o seu comportamento não tóxico[31] . Em contrapartida, houve um aumento do nível de citotoxicidade apenas quando a doxorrubicina foi associada às NP. No estudo com ratos Wistar, o grau de alteração dos órgãos e dos seus parâmetros foi mínimo entre o grupo de controlo e os grupos que receberam doses de NP de ouro (Yahyaei2019). O grupo que recebeu a dose mais tóxica presenciou alterações leves nos túbulos seminíferos e nos tecidos intersticiais e células de Leydig na região do testículo, enquanto no fígado, houve alterações leves na estrutura dos hepatócitos, bem como modificações leves no espaço sinusoidal, o que foi exclusivo dos ratos que receberam NP de ouro. Os rins também apresentaram alterações leves nos glomérulos e a presença de hiperemia e inflamação. No contexto dos seres humanos, a NP de prata sintetizada a partir do extrato de flores de *Ferulago* não foi significativamente tóxica para as células sanguíneas periféricas humanas, mas apresentou toxicidade contra fungos *(Candida albicans),* bactérias gram positivas e gram negativas 3[9] . Do mesmo modo, as NP de prata produzidas com extrato de Verónica quase não afectaram as sementes de linho e de agrião[20] . A NP de prata sintetizada biologicamente teve um efeito não tóxico no peixe de água doce, Tilapia; no entanto, os peixes apresentaram certas anomalias comportamentais através de uma maior taxa de natação, aumento da agitação e aparecimento de hiperatividade nas fases iniciais da vida 34.

TABELA 1 Avaliação toxicológica das NP sintetizadas em verde

Ttipo de NP verde	Organismo s/ Células	Bio-source (Família)	Síntese biológica a partir de	Localização do estudo	Efeitos tóxicos	Referência
Óxido de ferro	*Danio rerio* (peixe-zebra)	*Aloé vera* (Asphodelac eae)	Extrato de le af	Igdir, Turquia	Toxicidade *in vivo* observada	Köktürk et al. (2023)[10]
Magne tite	*Lemna minor* (lentilha d'água comum)	*Laurus nobilis* (Lauraceae)	Extrato de folhas	Bornova/ Izmir, Turquia	Diferenças no número de frondes e no desenvolvimento das colónias	Filzler et al. (2022)[42]
Prata	Sangue humano saudável e cultura de células	*Anbarnesa* (Estrume de burro medicinal)	Extrato	Irão	Sem toxicidade significativa em concentrações baixas ou médias	Sardareh et al. (2022)48
Prata	Ratos Wistar	*Murta communis* (Myrtaceae)	Extrato de folhas	Irão	Não foram detectados sinais clínicos de toxicidade, mas sim perturbações da memória em doses elevadas	Tarbali et al. (2022)44
Prata	Ratos Wistar	*Psidium guajava* (Myrtaceae)	Extractos de folhas	Gizé, Ecigano[t]	Impacto inibido da acetilcolina esterase	Tareq et al. (2022)35
Óxido de cobre	*Lactuca sativa* (alface), *Solanum lycopersic um* (tomate)	Chá Verde, Lavanda	Extractos de folhas	Karaj, Irão	Ação inibitória inferior à dos produtos de síntese química	Khaldari et al. (2021)5
Óxido de titânio	*Triticum aestivum* (trigo)	*Buddleja asiatica (Scrophulari aceae)*	Extrato de folhas	Rawalpi ndi, Paquistão	Uma concentração mais elevada de NP reduziu o crescimento	Mustafa et al. (2021)[41]
Óxido de cobre	Ratos	*Ulva fasciata* (macroalga verde)	Extractos integrais	Alexandr ia, Egito	Leucocitose induzida, aumento das enzimas	Bialy et al. (2020)[19]
Prata	*Allium cepa* (Cebola vermelha)	*Cordia myxa* (Boraginace ae)	Extractos de folhas	BandarAbba s, Irão	Não há redução da percentagem de germinação.	Akbarne jad-Samani et al. (2020)[40]
Prata	Células mononucleares do sangue periférico humano	*Ferulago macrocarpa*	Extrato de flor	Província de Lorestan, Irão	Nenhum efeito tóxico significativo sobre as células sanguíneas	Azarbani et al. (2020)[39]

Óxido de ferro	Ratos Wistar albinos fêmeas	Espinafres *(Amaranthaceae)*	Extrato de folhas	Mumbai, Índia	A toxicidade foi evidente em concentrações mais elevadas s	Kulkarni et al. (2020)[23]
Óxido de ferro	Ratos Sprague-Dawley	*Rhus punjabensis* (Anacardiaceae)	Extrato de folhas	Islamaba d, Paquistão	Efeitos tóxicos reduzidos das NP sintetizadas biologicamente em comparação com as sintetizadas quimicamente	Naz et al. (2020)36
Sílica	Larvas *de Spodopter a litura*	Acelga (Gramíneas)	Casca	Raichur, Índia	Inibição do crescimento da praga.	Sushila et al. (2020)47
Prata	*Oreochrom é um* peixe *mossambico* (Tilápia)	Maçã (Rosaceae)	Extractos de frutos	Karnatak a, Índia	Alteração da fisiologia dos peixes em caso de exposição prolongada a NP	Yallappa et al. (2020)[34]
Prata	Traça do diamante	*Eucalipto (Myrtaceae),* neem (Meliaceae), *Melia (Meliaceae), Datura* (Solanaceae)	Extractos de folhas, frutos e caule	Rawalpi ndi, Paquistão	92% de mortalidade em 3rd larvas de instar	Ali et al. (2019)46
		Cravinho (Myrtaceae), cabaça amarga (Cucurbitace ae), alho (Amaryllida ceae), gengibre (Zingiberace ae)				
Prata	Sementes *de Linum flavum,* Sementes de Lepidium *sativum*	*Verónica officinalis* (Plantaginac eae)	Extrato inteiro	Poznan, Polónia	Nenhum efeito tóxico para ambas as sementes	Dobruck a et al. (2019)[20]
Magne tite	*Azolla filiculoides*	*Fumaria officinalis* (Papavarace ae)	Extrato de folhas	Irão	Redução do crescimento	Jafarirad et al. (2019)43
Ouro	Masculino Ratos Wistar	*Fusarium oxysporum* (Nectriaceae)	Suspensão fúngica	Irão	Menos alterações mesmo com concentrações elevadas de NP	Yahyaei et al. (2019)45

Prata	*Allium cepa, Danio rerio* (peixe-zebra)	*Althaea officinalis* (Malvaceae)	Infusão de raízes e extrato de folhas	Sorocaba , Brasil	NP usando infusão de raiz menos citotóxica do que o extrato de folha NP.	Rheder et al. (2018) [18]
Ouro	Ratos	*Peltophorum pterocarpum* (Fabaceae)	Extractos de folhas	Hyderab ad, Índia	Inibição das células cancerígenas	Mukherj ee et al. (2016)31
Prata	Células humanas	*Café* (Rubiaceae),	Extractos de feijão e de folhas	Szegad, Hungria	As NP derivadas do chá verde foram altamente	Ronavari et al. (2017)37
		Chá verde (Theaceae)			tóxicos em comparação com os derivados do café	

Salientando as propriedades insecticidas eficazes das NP, verificou-se que a toxicidade das larvas de *Plutella xylostella* (traça-das-crucíferas) era mais eficaz do que a dos extractos botânicos isolados [46]. Do mesmo modo, o impacto tóxico da NP de sílica verde na larva da lagarta do tabaco *(Spodoptera litura)* foi examinado em plantas de algodão [47]. Observou-se que houve uma mortalidade de 100% em larvas de 2nd instar quando expostas a NP de sílica verde a uma concentração de 1500 ppm em cinco dias de tratamento. No entanto, com o mesmo tratamento, apenas 53,3% de mortalidade foi observada em larvas de 5th instar. Juntamente com a mortalidade, foram observadas deformações físicas, mesmo em doses baixas, com base nas quais estas NP foram sugeridas como um novo tipo de inseticida. Estas NP induziram a desidratação e o encolhimento das células. Os estudos sobre a toxicidade para o desenvolvimento das NP de ferro sintetizadas biologicamente revelaram uma diminuição das taxas de sobrevivência, bem como um atraso na eclosão das larvas embrionárias de peixe-zebra[10] . No entanto, não se verificaram diferenças estatisticamente significativas na morfologia fenotípica entre o grupo de controlo e o grupo com NP, apesar de alguns dos peixes-zebra terem apresentado deformação da cauda, edema pericárdico e escoliose. Além disso, verificou-se um aumento do nível de ansiedade e hiperatividade induzidas, indicando claramente toxicidade quando o comportamento dos peixes foi estudado. Noutro estudo, verificou-se que a NP de magnetite sintetizada a verde, mesmo na concentração de 0,5 a 10 mg/l, era altamente tóxica para *Azolla filiculoides,* uma espécie de planta aquática[43] . Ambos os parâmetros de crescimento foram reduzidos e houve uma variação significativa nas actividades enzimáticas, fenol total e conteúdo de flavonóides. Em linhas celulares humanas de células HeLa de cancro do colo do útero e em células de fibroblastos não cancerosos de rato NIH/3T3, observou-se que a NP sintetizada a partir do chá verde era muito mais tóxica do que a sintetizada a partir do extrato de grãos de café[37] . Por outro lado, a NP de óxido de titânio a 40 mg/l melhorou o comprimento dos rebentos e das raízes, melhorou a estabilidade das membranas, aumentou a clorofila das folhas, o que induziu ainda mais a tolerância ao sal nas plantas de trigo 4 .[1]

Num estudo efectuado por Khaldari et al. (2021)[5] , as NPs de CuO sintetizadas biologicamente foram comparadas com as suas contrapartes sintetizadas quimicamente e a avaliação da fitotoxicidade foi realizada em sementes de alface e tomate com base na sua percentagem de germinação, taxa de germinação, produção de plântulas anormais, comprimento de rebentos e comprimento de raízes. Foram utilizados extractos de folhas de alfazema e chá verde na síntese biológica destas NPs.

Os resultados do teste de fitotoxicidade em plântulas de tomate e alface revelaram que a NP sintetizada quimicamente inibiu a percentagem de germinação das sementes em comparação com as NPs verdes. No entanto, em concentrações mais elevadas, ambas as NP cultivadas química e biologicamente eram altamente tóxicas para as plantas. Resultados semelhantes também foram relatados num estudo que comparou o potencial de toxicidade das NPs sintetizadas biologicamente e quimicamente 40. Dentro dos índices bioquímicos, houve uma diferença estatisticamente significativa no conteúdo de proteína e na atividade de protease de acordo com a síntese biológica ou química de NP. Em contrapartida, não se observou diferença entre as actividades das enzimas antioxidantes, como a peroxidase e a catalase, e os níveis de malondialdeído entre as NP controlo, verde e de síntese química. Reafirmando que as NP sintetizadas quimicamente são dez vezes mais perigosas em comparação com as sintetizadas biologicamente, as NP de magnetite sintetizadas a partir de Laurus nobilis variaram significativamente a nível morfológico, uma vez que, em concentrações superiores a 100 mg/l, o crescimento foi inibido 42. Numa observação única, as NP sintetizadas biologicamente alteraram fortemente o fígado, os rins e o baço e induziram um nível mais elevado de citotoxicidade in vitro .[19]

5. CONCLUSÃO E ÂMBITO DA INVESTIGAÇÃO FUTURA

As nanopartículas são a necessidade do momento, uma vez que as suas aplicações variam entre a agricultura, a engenharia, as ciências dos materiais e mesmo a física e a química. No entanto, a sua toxicidade potencial pode ser prejudicial para o ambiente, uma vez que tendem a induzir a geração de espécies reactivas de oxigénio que provocam diretamente o stress oxidativo, causando, em última análise, cito e genotoxicidade. Para ultrapassar este problema, foram introduzidos conceitos ecológicos que permitem reduzir substancialmente a toxicidade destas NP. Assim, a síntese biológica tornou-se uma questão de interesse para os investigadores de nanopartículas. Vários organismos, incluindo plantas, algas, fungos, bactérias, etc., têm sido utilizados com sucesso como fonte de NP. Através deste estudo, foram identificadas várias vantagens e aplicações específicas da síntese biológica de NP. Foi também salientado que mesmo as NP verdes podem ser capazes de induzir citotoxicidade e genotoxicidade. A análise toxicológica das NP verdes descreveu os vários factores que determinam a toxicidade das NP. Estes incluem os atributos físico-químicos-morfológicos, o organismo que está a ser testado e a fonte de NP. A partir da tabela, pode inferir-se que a maioria das NP verdes pode ser tóxica, mas a um nível moderado, e definitivamente inferior ao das suas contrapartes sintetizadas quimicamente. Vários ensaios, incluindo a germinação, a viabilidade, os parâmetros de crescimento, o teor de clorofila, os níveis enzimáticos e os níveis de metabolitos secundários, podem ser utilizados para avaliar a toxicidade das NP nas plantas, enquanto os sintomas clínicos, a mortalidade, a morbilidade, as deformações, as alterações comportamentais, a análise hematológica, as reacções de resposta e as análises bioquímicas podem ser adequadas para os organismos animais. Nalguns casos, a toxicidade variou em função do material de origem e noutros pode não haver qualquer nível visível de toxicidade. Todas estas variações nos resultados dos estudos indicam que os ensaios toxicológicos têm de ser obrigatórios antes da utilização de NP, especialmente no domínio farmacêutico e agrícola. Existem poucos estudos em que a toxicidade para os seres humanos foi analisada. É necessário efetuar estudos mais pormenorizados para garantir um nível absoluto de segurança na produção de NP tão úteis. Estes níveis toxicológicos têm de ser avaliados regularmente, dependendo da necessidade de aplicações positivas e negativas das NP sintetizadas biologicamente. Por conseguinte, o manuseamento destas NP deve ser feito com a máxima importância.

REFERÊNCIAS

(1) Foko, L. P. K.; Meva, F. E.; Moukoko, C. E. E.; Ntoumba, A. A.; Ekoko, W. E.;

Ebanda Kedi Belle, P.; Ndjouondo, G. P.; Bunda, G. W.; Lehman, L. G. Green-Synthesized Metal Nanoparticles for Mosquito Control: Uma Revisão Sistemática sobre a sua Toxicidade em Organismos Não-Alvo. *Ata Trop.* **2021**, *214,* 105792.

http s://doi.org/10.1016/j.actatropica.2020.105792.

(2) Chakrabartty, I.; Hakeem, K. R.; Mohanta, Y. K.; Varma, R. S. Greener Nanomaterials and Their Diverse Applications in the Energy Setor. *Clean Technol. Environ. Policy* **2022**, *24* (10), 3237-3252. https://doi.org/10.1007/s10098-022-02368-0.

(3) Rana, A.; Yadav, K.; Jagadevan, S. A Comprehensive Review on Green Synthesis of Nature-Inspired Metal Nanoparticles: Mechanism, Application and Toxicity. *J. Clean. Prod.* **2020**, *272*, 122880. https://doi.org/10.1016/jjclepro.2020.122880.

(4) Aslam, M.; Abdullah, A. Z.; Rafatullah, M. Recent Development in the Green Synthesis of Titanium Dioxide Nanoparticles Using Plant-Based Biomolecules for Environmental and Antimicrobial Applications [Desenvolvimento recente na síntese ecológica de nanopartículas de dióxido de titânio utilizando biomoléculas à base de plantas para aplicações ambientais e antimicrobianas]. *J. Ind. Eng. Chem.* **2021**, *98,* 1-16. https://doi.org/10.1016/jjiec.2021.04.010.

(5) Khaldari, I.; Naghavi, M. R.; Motamedi, E. Síntese de cobre puro e verde

Nanopartículas de óxido usando dois recursos vegetais: Via rota de estado sólido e sua avaliação de fitotoxicidade. *RSC Adv.* **2021**, *11* (6), 3346-3353.

https: //doi .org/ 10.1039/d0ra09924d.

(6) Kshtriya, V.; Koshti, B.; Gour, N. *Nanopartículas sintetizadas verdes: Classificação, Síntese, Caracterização e Aplicações,* 1ª ed.; Elsevier B.V., 2021; Vol. 94. https://doi.org/10.1016/bs.coac.2020.12.009.

(7) Odaudu, O. R.; Akinsiku, A. A. Toxicidade e efeitos citotóxicos de nanopartículas selecionadas: Uma revisão. Na *3ª Conferência Internacional sobre Energia e Ambiente Sustentável;* 2022; pp 1-17.

(8) Barabadi, H.; Najafi, M.; Samadian, H.; Azarnezhad, A.; Vahidi, H.; Mahjoub, M. A.; Koohiyan, M.; Ahmadi, A. Uma revisão sistemática da genotoxicidade e antigenotoxicidade de nanomateriais metálicos sintetizados biologicamente: Are Green Nanoparticles Safe Enough for Clinical Marketing? *Med.* **2019**, *55* (8). https://doi.org/10.3390/medicina55080439.

(9) Shah, M. M.; Ahmad, K.; Ahmad, B.; Shah, S. M.; Masood, H.; Siddique, M. A. R.; Ahmad, R. Recent Trends in Green Synthesis of Silver, Gold, and Zinc Oxide Nanoparticles and Their Application in Nanosciences and Toxicity: A Review. *Nanotechnol. Environ. Eng.* **2022**, *7* (4), 907-922. https://doi.org/10.1007/s41204-022- 00287-5.

(10) Köktürk, M.; Yigit, A.; Sulukan, E. Green Synthesis Iron Oxide Nanoparticles (Fe@AV NPs) Induce Developmental Toxicity and Anxiety-like Behavior in Zebrafish Embryo-Larvae. *Mar. Sci. Tech. Bull.* **2023**, *12* (1), 39-50.

(11) Ram, S.; More, P.; Baheti, A.; Tagalpallewar, W. M.; Polshettiwar, S. A.; Limaye, D. Review on Green-Biosynthesis of Zinc Nanoparticles and Their Biomedical Application. *Int. J. Biol. Pharm. Allied Sci.* **2022**, *11* (4), 1590-1604. https: //doi.org/10.3103 2/ijbpas/2022/11.4.5967.

(12) Noga, M.; Milan, J.; Frydrych, A.; Jurowski, K. Aspectos toxicológicos, avaliação da segurança e toxicologia verde das nanopartículas de prata (AgNPs) - revisão crítica: State of the Art. *Int. J. Mol. Sci.* **2023**, *24* (6), 5133. https://doi.org/10.3390/ijms24065133.

(13) Sengul, A. B.; Asmatulu, E. Toxicidade das nanopartículas de metais e de óxidos metálicos: A Review. *Environ. Chem. Lett.* **2020**, *18* (5), 1659-1683. https://doi.org/10.1007/s10311- 020-01033-6.

(14) Ying, S.; Guan, Z.; Ofoegbu, P. C.; Clubb, P. Environmental Technology & Innovation Green Synthesis of Nanoparticles : Desenvolvimentos actuais e limitações. *Environ. Tecnologia Ambiental. Innov.* **2022**, *26,* 102336. https://doi.org/10.1016zj.eti.2022.102336.

(15) De la Guardia, M. Os desafios da nanotecnologia verde. *BioImpacts* **2014**, *4* (1), 1-2. https://doi.org/10.5681/bi.2014.009.

(16) Sani, A.; Cao, C.; Cui, D. Toxicidade das nanopartículas de ouro (AuNPs): A Review.

Biochem. Biophys. Reports **2021**, *26*, 100991. https://doi .org/ 10.1016/j .bbrep .2021.100991.

(17) Sukhanova, A.; Bozrova, S.; Sokolov, P.; Berestovoy, M.; Karaulov, A.; Nabiev, I. Dependência da toxicidade das nanopartículas das suas propriedades físicas e químicas. *Nanoscale Res. Lett.* **2018**, *13* (44). https://doi.org/10.1186/s11671-018-2457-x.

(18) Rheder, D. T.; Guilger, M.; Bilesky-Jose, N.; Germano-Costa, T.; Pasquoto-

Stigliani, T.; Gallep, T. B. B.; Grillo, R.; Carvalho, C. S.; Fraceto, L. F.; Lima, R. Síntese de Nanopartículas de Prata Biogênica Utilizando Althea Officinalis como Agente Redutor: Avaliação da Toxicidade e Ecotoxicidade. *Sci. Rep.* **2018**, *22* (1), 12397.

https://doi.org/https://doi.org/10.1038/s41598-018-30317-9.

(19) Bialy, B. E. E.; Hamouda, R. A.; Eldaim, M. A. A.; El Ballal, S. S.; Heikal, H. S.; Khalifa, H. K.; Hozzein, W. N. Comparative Toxicological Effects of Biologically and Chemically Synthesized Copper Oxide Nanoparticles on Mice. *Int. J. Nanomedicine* **2020**, *15*, 3827-3842. https://doi.org/10.2147/IJN.S241922.

(20) Dobrucka, R.; Szymanski, M.; Przekop, R. O Estudo dos Efeitos de Toxicidade das Nanopartículas de Prata Biossintetizadas Utilizando o Extrato de Veronica Officinalis. *Int. J. Environ. Sci. Technol.* **2019**, *16* (12), 8517-8526. https://doi.org/10.1007/s13762-019-02441-0.

(21) Varma, R. S. Greener Approach to Nanomaterials and Their Sustainable

Aplicações. *Curr. Opin. Chem. Eng.* **2012**, *1* (2), 123-128.

https://doi.org/10.1016zj.coche.2011.12.002.

(22) Varma, R. S. Greenness of Things. *Clean Technol. Environ. Policy* **2021**, *23*, 24972498.

(23) Kulkarni, S.; Mohanty, N.; Kadam, N. N.; Swain, N.; Thakur, M. Green Synthesis to Develop Iron-Nano Formulations and Its Toxicity Assays. *J. Pharmapuncture* **2020**, *23* (3), 165-172.

(24) Ganachari, S. V.; Banapurmath, N. R.; Salimath, B.; Yaradoddi, J. S.; Shettar, A. S.; Hunashyal, A. M.; Venkataraman, A.; Patil, P.; Shoba, H.; Hiremath, G. B. Técnicas de

síntese para a preparação de nanomateriais. No *Manual de Ecomateriais;* Martinez, L. M. T., Kharissova, O. V., Kharisov, B., Eds.; Springer Nature: Suíça, 2019; pp 85

103. https://doi.org/10.1007/978-3-319-68255-6.

(25) Rajasekhar, C.; Kanchi, S. Nanomateriais verdes para um ambiente limpo. Em *Handbook of ecomaterials;* Martinez, L. M. T., Kharissova, O. V., Kharisov, B. I., Eds.; Springer: Berlim, 2019; pp 63-79.

(26) Velusamy, P.; Kumar, G. V.; Jeyanthi, V.; Das, J.; Pachaiappan, R. Bio-Inspired Green Nanoparticles: Síntese, Mecanismo e Aplicação Antibacteriana. *Toxicol. Res.* **2016**, *32* (2), 95-102. https://doi.org/10.5487/TR.2016.32.2.095.

(27) Jaganathan, A.; Murugan, K.; Panneerselvam, C.; Madhiyazhagan, P.; Dinesh, D.; Vadivalagan, C.; Aziz, A. T.; Chandramohan, B.; Suresh, U.; Rajaganesh, R.Subramaniam, J.; Nicoletti, M.; Higuchi, A.; Alarfaj, A. A.; Munusamy, M. A.; Kumar, S.; Benelli, G. Earthworm-Mediated Synthesis of Silver Nanoparticles: A Potent Tool against Hepatocellular Carcinoma, Plasmodium Falciparum Parasites and Malaria Mosquitoes. *Parasitol. Int.* **2016**, *65* (3), 276-284. https://doi.org/10.1016/j.parint.2016.02.003.

(28) Murugan, K.; Anitha, J.; Suresh, U.; Rajaganesh, R.; Panneerselvam, C.; Aziz, A. T.; Tseng, L. C.; Kalimuthu, K.; Alsalhi, M. S.Devanesan, S.; Nicoletti, M.; Sarkar, S. K.; Benelli, G.; Hwang, J. S. Chitosan-Fabricated Ag Nanoparticles and Larvivorous Fishes: Uma nova rota para controlar o vetor costeiro da malária Anopheles Sundaicus? *Hydrobiologia* **2017**, *797* (1), 335-350. https://doi.org/10.1007/s10750-017-3196-1.

(29) Dahoumane, S. A.; Mechouet, M.; Wijesekera, K.; Filipe, C. D. M.; Sicard, C.; Bazylinski, D. A.; Jeffryes, C. Algae-Mediated Biosynthesis of Inorganic Nanomaterials as a Promising Route in Nanobiotechnology-a Review. *Green Chem.* **2017**, *19* (3), 552587. https://doi.org/10.1039/c6gc02346k.

(30) Selvakesavan, R. K.; Franklin, G. Aplicação prospetiva de nanopartículas verdes sintetizadas utilizando extractos de plantas medicinais como novos nanomedicamentos. *Nanotechnol. Sci. Appl.* **2021**, *14,* 179-195. https://doi.org/10.2147/NSA.S333467.

(31) Mukherjee, S.; Sau, S.; Madhuri, D.; Bollu, V. S.; Madhusudana, K.; Sreedhar, B.;

Banerjee, R.; Patra, C. R. Síntese Verde e Caracterização de Nanopartículas de Ouro Monodispersas: Estudo de Toxicidade, Entrega de Doxorrubicina e sua Bio-Distribuição em Modelo de Rato. *J. Biomed. Nanotechnol.* **2016**, *12* (1), 165-181.

https://doi.org/10.1166/jbn.2016.2141.

(32) Kumar, P; Dixit, J.; Singh, A. K.; Rajput, V. D.; Verma, P; Tiwari, K. N.; Mishra, S. K.; Minkina, T.; Mandzhieva, S. Degradação catalítica eficiente de corantes tóxicos

selecionados por nanopartículas de prata biossintetizadas verdes usando extrato aquoso de folhas de Cestrum Nocturnum L. *Nanomaterials* **2022**, *12* (3851). https://doi.org/10.3390/nano12213851.

(33) Bahrulolum, H.; Nooraei, S.; Javanshir, N.; Tarrahimofrad, H.; Mirbagheri, V. S.; Easton, A. J.; Ahmadian, G. Síntese verde de nanopartículas metálicas usando microrganismos e sua aplicação no setor agroalimentar. *J. Nanobiotechnology* **2021**, *19* (1), 1-26. https://doi.org/10.1186/s12951-021-00834-3.

(34) Yallappa, S.; Kaveri, K. R.; Nuzhat, A. N.; Vijayakumar, K. Efeito tóxico das nanopartículas de prata sintetizadas de forma verde no peixe de água doce Tilápia, Oreochromis Mossambicus (Peters). *Int. J. Fish. Aquat. Stud.* **2020**, *8* (2), 277-284.

(35) Tareq, M.; Khadrawy, Y. A.; Rageh, M. M.; Mohammed, H. S. Toxicidade biológica dependente da dose de nanopartículas de prata sintetizadas em verde no cérebro de ratos. *Sci. Rep.* **2022**, *12* (1), 1-14. https://doi.org/10.1038/s41598-022-27171-1.

(36) Naz, S.; Majid, M.; Zia, M. Avaliação da toxicidade de nanopartículas de óxido de ferro sintetizadas de forma verde em ratos Sprague-Dawley: Avaliação bioquímica e histológica. *BiomedEnv. Sci.* **2020**, *33* (11), 882-886.

(37) Ronavari, A.; Kovacs, D.; Igaz, N.; Vagvölgyi, C.; Boros, I. M.; Konya, Z.; Pfeiffer, I.; Kiricsi, M. A atividade biológica das nanopartículas de prata sintetizadas de forma ecológica depende dos extractos naturais aplicados: Um estudo abrangente. *Int. J. Nanomedicine* **2017**, *12*, 871-883. https://doi.org/10.2147/IJN.S122842.

(38) Skovmand, A.; Jacobsen Lauvas, A.; Christensen, P.; Vogel, U.; Sorig Hougaard, K.; Goericke-Pesch, S. Pulmonary Exposure to Carbonaceous Nanomaterials and Sperm Quality. *Parte. Fibre Toxicol.* **2018**, *15*, 10. https://doi.org/10.1186/s12989-018-0242-8.

(39) Azarbani, F.; Shiravand, S. Síntese Verde de Nanopartículas de Prata pelo Extrato de Flores de Ferulago Macrocarpa e os seus Efeitos Antibacterianos, Antifúngicos e Tóxicos. *Green Chem. Lett. Rev.* **2020**, *13* (1), 41-49. https://doi.org/10.1080/17518253.2020.1726504.

(40) Akbarnejad-Samani, Z.; Shamili, M.; Samari, F. O potencial de toxicidade das nanopartículas de Ag sintetizadas a partir de Cordia Myxa L. *Adv. Hort. Sci.* **2020**, *34* (janeiro), 93

104. https://doi.org/10.13128/ahsc.

(41) Mustafa, N.; Raja, N. I.; Ilyas, N.; Ikram, M.; Mashwani, Z. R.; Ehsan, M. Foliar Applications of Plant-Based Titanium Dioxide Nanoparticles to Improve Agronomic and Physiological Attributes of Wheat (Triticum Aestivum L.) Plants under Alinity Stress. *Green Process. Synth.* **2021**, *10,* 246-257.

(42) Filizler, B.; Haseki, S.; Ayisigi, M.; Aktas, L. Y. Análises de toxicidade subaguda de nanopartículas de magnetita sintetizadas em verde na planta Lemna Minor L. (lentilha d'água). *Res. Sq.* **2022**, *Preprint V,* 1-18. https://doi.org/https://doi.org/10.21203/rs.3.rs-1794925/v1.

(43) Jafarirad, S.; Ardehjani, P. H.; Movafeghi, A. As nanopartículas verdes sintetizadas são seguras para o ambiente? Um estudo de caso da planta aquática Azolla Filiculoides como um indicador exposto a nanopartículas de magnetite fabricadas usando tratamento hidrotérmico por micro-ondas e extrato de planta. *J. Environ. Sci. Heal. Part A* **2019**, *54* (6), 516-527. https://doi.org/10.1080/10934529.2019.1567182.

(44) Tarbali, S.; Karami Mehrian, S.; Khezri, S. Avaliação dos efeitos tóxicos de nanopartículas de prata sintetizadas de forma verde em ratos Wistar machos expostos intraperitonealmente. *Toxicol. Mech. Methods* **2022**, *32* (7), 488-500. https://doi.org/10.1080/15376516.2022.2049412.

(45) Yahyaei, B.; Nouri, M.; Bakherad, S.; Hassani, M.; Pourali, P Efeitos das nanopartículas de ouro produzidas biologicamente: Avaliação da toxicidade em diferentes órgãos de ratos

após injeção intraperitoneal. *AMB Express* **2019**, *9* (38).

https://doi.Org/https://doi.org/10.1186/s13568-019-0762-0.

(46) Ali, F.; Tariq, M.; Shaheen, F. A.; Mashwani, Z. R.; Zainab, T.; Gulzar, A. Toxicidade de diferentes extractos de plantas e nanopartículas de prata verde contra Plutella Xylostella (Lepidoptera: Plutellidae). *Plant Prot.* **2019**, *3* (3), 151-159.

(47) Sushila, N.; Sreenivas, A. G.; Ashoka, J.; Sharanagouda, H. Biossíntese e efeito de nanopartículas de sílica verde na lagarta do tabaco, Spodoptera Litura, no algodão. *J. Entomol. Zool. Stud.* **2020**, *8* (5), 1564-1570.

(48) Sardareh, E. A.; Shahzeidi, M.; Ardestani, M. T. S.; Mousavi-Khattat, M.; Zarepour, A.; Zarrabi, A. Atividade antimicrobiana de nanofibras de PLA/Gelatina sopradas que contêm nanopartículas de prata sintetizadas em verde contra bactérias causadoras de infecções em feridas. *Bioengenharia* **2022**, *9* (518).

CAPÍTULO 3

Produção de nanopartículas com consciência ecológica: Avançar em Tecnologia Verde para um Futuro mais Limpo

SNEHA KUMARI1$, SHIVAM PANDEY1, LEELA MANOHAR AESHALA2, SUSHANT SINGH*1

[1]Amity Institute of Biotechnology, Amity University Raipur Chhattisgarh-493225, Índia[2] Department of Chemical Engineering, National Institute of Technology Srinagar, Srinagar-190006, Índia

Autor correspondente

Dr. Sushant Singh (ssingh@rpramity. edu)

$ - Primeiro autor

Resumo

A síntese de metais à escala nanométrica é um tópico altamente relevante devido à sua extensa utilização em sectores como a engenharia, a medicina e as aplicações ambientais. Atualmente, o método predominante para sintetizar metais à nanoescala é através de processos químicos, que infelizmente resultam em consequências indesejadas, incluindo contaminação ambiental, elevado consumo de energia e potenciais riscos para a saúde. Em resposta a estes desafios, a síntese verde surgiu como uma alternativa promissora, empregando extractos de plantas como substitutos de produtos químicos convencionais para reduzir iões metálicos e produzir nanopartículas. A síntese verde oferece várias vantagens em relação aos métodos tradicionais de síntese química. É uma abordagem económica que gera um mínimo de poluição, ao mesmo tempo que promove a saúde e a segurança dos seres humanos e do ambiente. Este capítulo apresenta uma avaliação dos recentes avanços na produção ecológica de nanopartículas. Uma extensa investigação demonstrou que a síntese verde enfrenta limitações relacionadas com o momento e o local de fabrico, bem como desafios relacionados com impurezas e baixo rendimento causados por variações na disponibilidade regional e sazonal de espécies vegetais e suas composições. No entanto, a síntese ecológica apresenta oportunidades únicas de crescimento e aplicações potenciais, ao mesmo tempo que aborda as actuais preocupações ambientais e a poluição associada à síntese química. Ao tirar partido dos benefícios da síntese verde, a síntese de metais à escala nanométrica pode tornar-se mais sustentável e amiga do ambiente, abrindo caminho para um futuro mais verde na nanotecnologia.

Introdução

Na última década, o tema da nanotecnologia registou enormes avanços nos processos de síntese de nanomateriais, incluindo pontos quânticos (QDs) de dimensão micrométrica, grafeno, nanotubos de carbono (CNTs) e nanopartículas metálicas, bem como os seus compósitos [1]. Para fabricar nanomateriais com as dimensões, morfologias e propriedades específicas pretendidas, os investigadores têm investigado duas estratégias básicas: técnicas top-down e bottom-up. Os métodos bottom-up utilizam a condensação atómica/molecular, a deposição química de vapor, as técnicas sol-gel e a pirólise por pulverização para construir nanopartículas a partir de moléculas mais simples. Os métodos top-down, por outro lado, utilizam processos como a litografia, a pulverização catódica e a moagem de esferas. É possível influenciar as propriedades morfológicas das nanopartículas, como o seu tamanho e forma, através da manipulação de concentrações químicas, bem como de factores de reação como a temperatura e o pH. No entanto, quando aplicados em situações reais, os nanomateriais sintetizados podem enfrentar limitações, como a instabilidade em ambientes agressivos, uma compreensão limitada dos mecanismos fundamentais e dos factores de modelização, preocupações relativas à bioacumulação e à toxicidade, requisitos de análise exaustivos, necessidade de operadores qualificados, desafios na montagem e nas estruturas dos dispositivos e problemas de reciclagem/reutilização/regeneração. Estas limitações podem ser ultrapassadas, mas apenas se os nanomateriais forem concebidos para o efeito. Os investigadores no domínio da tecnologia dos materiais estão a concentrar cada vez mais a sua atenção no desenvolvimento de abordagens e tecnologias inovadoras de "síntese ecológica", a fim de ultrapassar estas restrições. O respeito pelo ambiente dos nanomateriais e nanocompósitos pode ser melhorado através de um processo denominado "síntese ecológica", que inclui os processos de regulação, controlo, limpeza e remediação. Esta estratégia coloca a ênfase na gestão e minimização dos resíduos, na redução dos derivados e da poluição, na utilização de solventes e auxiliares seguros e não tóxicos e na utilização de matérias-primas renováveis. A incorporação de componentes biológicos, tais como bactérias e plantas, na produção de nanopartículas metálicas é uma direção interessante e potencialmente frutuosa a seguir no domínio da síntese verde. Em contraste com a síntese que é mediada por bactérias e fungos, a utilização de extractos de plantas surgiu como um método que é simultaneamente fácil e passível de ser escalonado. Estas nanopartículas são designadas por nanopartículas biogénicas [3, e são criadas através da síntese de extractos de plantas]. Os fitoquímicos presentes nos extractos de plantas, tais como aldeídos, flavonas, terpenóides, fenóis e ácidos ascórbicos, têm a capacidade de transformar iões metálicos em nanopartículas [4]. Foram investigadas várias aplicações, como agentes antibacterianos, catalisadores, sensores moleculares, imagiologia e rotulagem de sistemas biológicos, utilizando estas nanopartículas biogénicas. Para além das plantas, outros organismos como as bactérias, os fungos e as leveduras estão a ser investigados quanto à possibilidade de participarem na produção de nanopartículas verdes. Uma vez que as bactérias têm o potencial de diminuir os iões metálicos, têm sido utilizadas numa variedade de processos biotecnológicos e na produção de nanopartículas metálicas e outras. Estas aplicações e utilizações levaram à descoberta de novas utilizações para as bactérias. Além disso, o género Actinomycetes, que é composto por bactérias, tem sido utilizado na produção de nanopartículas [7]. Os fungos, graças às enzimas que se encontram no interior das suas células, proporcionam um meio eficiente para a produção de nanopartículas com morfologias bem definidas. Quando comparados com as bactérias, os fungos são capazes de produzir um maior número de nanopartículas e proporcionam muitos benefícios, incluindo a presença de enzimas, proteínas e agentes redutores nas superfícies celulares dos seus próprios organismos [10]. A levedura, que é um tipo de micróbio eucariótico, também se tem mostrado promissora no fabrico de nanopartículas, particularmente nanopartículas de prata e ouro [13]. No processo de produção de nanopartículas verdes, os sistemas de solventes são um fator extremamente importante. A água é geralmente considerada o solvente mais aceitável e ideal para as actividades de síntese, devido ao facto de estar facilmente disponível, ter um custo baixo e não ter um impacto negativo no ambiente. Muitas nanopartículas foram fabricadas com sucesso utilizando sistemas de solventes à base de água. Por exemplo, o ácido gálico foi empregue como molécula bifuncional em ambientes aquosos para gerar nanopartículas de ouro e prata [14]. Este processo foi efectuado com ácido gálico. Os líquidos iónicos, frequentemente conhecidos como IL, e os fluidos supercríticos estão também a ser investigados como potenciais substitutos dos solventes tradicionais. Os LI, que se distinguem por terem baixas temperaturas de fusão, têm sido utilizados na produção de uma variedade de nanopartículas metálicas. Estas nanopartículas oferecem uma série de vantagens, incluindo uma boa solubilidade para os catalisadores e estabilidade térmica numa vasta gama de temperaturas [16]. No que diz respeito à produção de nanopartículas, os fluidos supercríticos, como o dióxido de carbono e a água, demonstraram ter um grande potencial devido à sua capacidade de gerir a solubilidade e a super-saturação [22]. O fabrico de nanopartículas metálicas pode ser realizado de uma forma sustentável e respeitadora do ambiente se forem utilizadas técnicas de síntese ecológicas que recorram a componentes biológicos e solventes seguros para a atmosfera. As técnicas convencionais de síntese, que incluem elevados níveis de radiação, bem como redutores e agentes estabilizadores perigosos, podem ter uma influência negativa na vida marinha e na saúde humana. No entanto, estas abordagens oferecem a possibilidade de reduzir a gravidade destes efeitos. Os investigadores têm o potencial de contribuir para a criação de nanomateriais amigos do ambiente, com uma vasta gama de aplicações em diversos sectores, através de uma investigação mais aprofundada e da otimização de metodologias de síntese ecológicas.

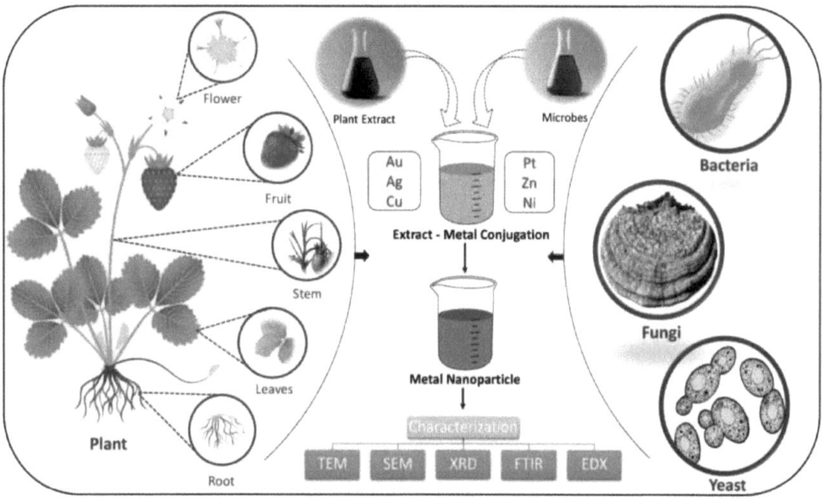

Figura 1: Diagrama esquemático que ilustra o procedimento geral de síntese de nanopartículas através de protocolos de química verde.

Principais componentes da Síntese Verde

Muitos métodos de síntese química e física requerem uma elevada radiação, um redutor muito venenoso e agentes estabilizadores, que podem ter um impacto negativo na vida marinha e nas pessoas. A produção sustentável de nanopartículas metálicas, pelo contrário, é um processo de bio-redução ecológico de um só frasco ou de uma só etapa, que necessita apenas de uma pequena quantidade de energia para iniciar a reação.

A. Plantas:

Nos últimos anos, tem havido um grande aumento de interesse na utilização de técnicas biossintéticas baseadas em extractos de plantas para a produção de nanopartículas como uma alternativa viável, simples e ecológica aos métodos tradicionais. Os metais pesados têm a capacidade de se concentrar em várias áreas das plantas em quantidades variadas. Consequentemente, os extractos de plantas são uma escolha apelativa para diminuir e estabilizar nanopartículas metálicas devido a esta capacidade. Os investigadores têm investigado processos de síntese "one-pot" que utilizam várias plantas para produzir nanopartículas de metal/óxido de metal, nomeadamente com extractos de folhas de plantas [5]. Estes procedimentos têm sido utilizados para fabricar nanopartículas de metal/óxido de metal. As biomoléculas presentes nas plantas, como as proteínas, as coenzimas e os hidratos de carbono, têm capacidades extraordinárias para converter iões metálicos em nanopartículas. Entre estas biomoléculas, encontram-se as proteínas. A produção de nanopartículas de prata e ouro foi a tónica original da síntese assistida por extractos de plantas, que era comparável à tónica das técnicas de biossíntese anteriores. Os investigadores analisaram uma grande variedade de plantas para verificar se estas têm ou não a capacidade de produzir nanopartículas de prata e ouro. É possível produzir nanopartículas metálicas fora dos seres vivos (in vitro) utilizando extractos de plantas; no entanto, também é concebível fabricá-las dentro de organismos vivos (in vivo) através da redução de iões de sais metálicos que tenham sido ingeridos. Por este motivo, o leque de aplicações possíveis para a síntese mediada por plantas foi alargado [5]. Além disso, nanopartículas de óxido de zinco (ZnO) foram produzidas utilizando extractos de folhas de plantas em vários estudos. Coentros, folha de cobre (Acalypha indica), flor de cobre (Calotropis gigantean), rosa da China (Hibiscus rosa-sinensis), chá verde (Camellia sinensis) e extrato de sumo de folha de aloé (Aloe barbadensis Miller) são apenas algumas das espécies de plantas que foram investigadas quanto ao seu potencial para produzir nanopartículas de ZnO [5]. Estes extractos de plantas incluem substâncias químicas bioactivas capazes de reduzir a quantidade de iões metálicos no corpo e ajudar a produzir nanopartículas. A investigação levada a cabo por Iravani [6] oferece um resumo pormenorizado dos componentes vegetais que foram utilizados na criação de nanopartículas. A flexibilidade e a acessibilidade deste método de síntese verde são realçadas pela grande variedade de espécies vegetais que foram investigadas para determinar a extensão do seu potencial biossintético. Os investigadores conseguiram desenvolver um processo de criação de nanopartículas que é simultaneamente sustentável e amigo do ambiente, tirando partido das qualidades intrínsecas das plantas e das proteínas que nelas se encontram. Em conclusão, a produção de nanopartículas metálicas através da mediação de extractos de plantas constitui um método simultaneamente eficaz e benigno para o ecossistema circundante. A grande variedade de opções disponíveis para a produção de nanopartículas é demonstrada pela utilização de uma série de espécies vegetais diferentes e dos componentes bioactivos dessas plantas. A continuação da investigação nesta área oferece um grande potencial para a criação de nanomateriais respeitadores do ambiente que podem ser utilizados numa grande variedade de sectores, incluindo a remediação ambiental, a medicina e a catálise.

B. Bactérias

As espécies bacterianas têm sido amplamente utilizadas numa variedade de aplicações biotecnológicas comerciais, incluindo a modificação genética, a remediação biológica e a biolixiviação [7]. A capacidade das bactérias para diminuir os iões metálicos é uma das razões para o elevado valor que lhes é atribuído na criação de nanopartículas [8]. No fabrico de nanopartículas metálicas e de outras nanopartículas novas, é prática corrente utilizar várias espécies bacterianas diferentes, incluindo bactérias procarióticas e actinomicetas. A facilidade com que as bactérias podem ser manipuladas tem sido um fator que contribui para a ampla aceitação da produção de nanopartículas bacterianas [9]. Escherichia coli,

Lactobacillus casei, Bacillus cereus e Aeromonas sp. SH10 são alguns exemplos de espécies bacterianas que têm sido amplamente utilizadas no fabrico de nanopartículas de ouro [9]. Estas bactérias têm processos incorporados que podem reduzir a quantidade de iões metálicos, o que torna possível a produção de nanopartículas de ouro. A utilização destes métodos no fabrico de nanopartículas exemplifica a adaptabilidade e a promessa de processos mediados por bactérias. Os investigadores são capazes de gerar nanopartículas com qualidades particulares, utilizando as capacidades de redução das espécies bacterianas, utilizando as caraterísticas distintas que cada espécie de bactéria possui. A facilidade com que as bactérias podem ser trabalhadas, em conjunto com a sua capacidade inata de reduzir iões metálicos, torna-as candidatas desejáveis para a produção de nanopartículas em larga escala. A utilização de bactérias na criação de nanopartículas apresenta um caminho potencialmente frutífero para o desenvolvimento de métodos industriais que sejam simultaneamente sustentáveis e respeitadores do ambiente. Em conclusão, a capacidade das bactérias para diminuir os iões metálicos é a principal razão para a sua contribuição significativa para a produção de nanopartículas. Nos últimos anos, a produção de nanopartículas de ouro e de outros tipos de nanopartículas metálicas tornou-se mais dependente da utilização de várias espécies bacterianas. Algumas destas bactérias incluem Escherichia coli, Lactobacillus casei, Bacillus cereus e Aeromonas sp. SH10. Devido à facilidade com que podem ser manuseadas e às capacidades de redução inerentes que possuem, são instrumentos ideais para a criação de nanopartículas à escala industrial. Existe uma grande oportunidade de avanço na área da nanotecnologia que pode ser concretizada com um maior estudo e investigação do fabrico de nanopartículas mediado por bactérias.

C. Fungos:

A utilização de fungos no fabrico de nanopartículas de metais ou de óxidos metálicos é uma forma extremamente eficiente de produzir nanopartículas bem definidas com tamanhos e formas regulares. Devido ao facto de possuírem uma grande variedade de enzimas intracelulares, os fungos são reconhecidos como estando entre os agentes biológicos mais eficazes para a criação de nanopartículas que incluem metais e óxidos metálicos [10]. De facto, a investigação demonstrou que os fungos são superiores às bactérias no que diz respeito à síntese de nanopartículas [11]. A presença de enzimas, proteínas e agentes redutores nas superfícies celulares dos fungos dá-lhes a capacidade de fazer coisas que outras criaturas não conseguem fazer [12]. Esta é uma das principais vantagens que os fungos têm sobre outros organismos.

As reacções de redução enzimática (redutase) que ocorrem no interior da célula ou da parede celular dos fungos são o candidato mais provável para ser o mecanismo que leva à criação de nanopartículas metálicas no interior dos fungos. Este processo de redução enzimática é um passo essencial na produção de nanopartículas compostas por metais como o dióxido de titânio, o óxido de zinco, a prata e o ouro. A adaptabilidade e a vasta gama de aplicações potenciais dos métodos mediados por fungos foram demonstradas pelo facto de vários tipos diferentes de fungos terem sido utilizados eficazmente na produção destas nanopartículas. Os fungos podem ser utilizados na produção de nanopartículas, o que resulta numa série de benefícios. Para começar, os fungos têm o potencial de criar um maior número de nanopartículas do que as bactérias [11]. Além disso, as superfícies celulares destes organismos, que estão carregadas de enzimas, proteínas e agentes redutores, contribuem para a produção eficaz e bem controlada de nanopartículas. Devido ao seu elevado nível de biocompatibilidade e à sua capacidade de funcionar em condições de reação moderadas, os fungos são excelentes candidatos para o fabrico de nanopartículas benignas para o ambiente devido às suas caraterísticas. Em conclusão, os fungos são muito eficientes na produção de nanopartículas monodispersas com morfologias bem definidas. São excelentes agentes biológicos para a síntese de nanopartículas metálicas e óxidos metálicos devido ao número de enzimas intracelulares que contêm, bem como às caraterísticas distintivas das suas células. Quando comparados com as bactérias, os fungos são superiores no que respeita ao fabrico de nanopartículas. Os fungos proporcionam benefícios como um melhor rendimento das nanopartículas e um melhor controlo das caraterísticas das nanopartículas. A exploração das possibilidades da síntese de nanopartículas mediada por fungos é muito promissora para o desenvolvimento de técnicas industriais ambientalmente responsáveis e para o avanço da nanotecnologia.

D. Levedura:

As leveduras são células eucarióticas que cobrem microrganismos unicelulares e formam uma categoria complexa que inclui cerca de 1.500 variedades distintas [13]. As leveduras podem ser encontradas numa variedade de alimentos e bebidas, incluindo cerveja, vinho e pão. Os investigadores realizaram uma quantidade substancial de pesquisa sobre a utilização de leveduras para o fabrico de nanopartículas e nanomateriais, o que levou a uma variedade de consequências frutíferas. A biossíntese de nanopartículas de prata e de ouro utilizando uma estirpe de levedura tolerante à prata e uma cultura de Saccharomyces cerevisiae é um exemplo particularmente notável. A utilização de leveduras como plataforma biológica para a produção de nanopartículas tem suscitado um grande interesse. Estes microrganismos apresentam uma série de vantagens distintas, nomeadamente no que diz respeito às caraterísticas das suas células e às capacidades metabólicas que possuem. As leveduras são capazes de realizar reacções enzimáticas e mecanismos internos que permitem a redução de iões metálicos, o que, em última análise, leva à geração de nanopartículas. Estas actividades são responsáveis pela capacidade das leveduras para produzir nanopartículas. Em particular, as estirpes de levedura tolerantes à prata e a estirpe bem estudada de Saccharomyces cerevisiae mostraram-se muito promissoras na produção de nanopartículas de prata e ouro. Os investigadores conseguiram produzir nanopartículas viáveis utilizando uma técnica baseada na levedura, utilizando os processos biológicos inatos da levedura. As nanopartículas com o tamanho, a forma e as qualidades de superfície exigidas podem ser sintetizadas de forma controlada utilizando esta tecnologia. Estas caraterísticas podem incluir o tamanho, a forma e as propriedades da superfície. Além disso, as leveduras proporcionam uma plataforma de fabrico que é simultaneamente fácil e escalável, o que as torna apelativas para utilização em aplicações industriais. A nanotecnologia, a ciência dos materiais e os cuidados de saúde são apenas alguns dos sectores que podem beneficiar significativamente da utilização de leveduras na criação de nanopartículas. São candidatos ideais para o fabrico de nanomateriais sustentáveis e amigos do ambiente devido à sua flexibilidade e capacidade de criar nanopartículas com caraterísticas que podem ser ajustadas a necessidades específicas. Prevê-se que uma investigação mais aprofundada da produção de nanopartículas com base em leveduras irá impulsionar os avanços na nanociência e conduzir ao desenvolvimento de novas aplicações numa variedade de domínios.

Solventes utilizados na síntese verde de nanopartículas

A água tem surgido constantemente como o solvente preferido e mais adequado, apesar de os sistemas de solventes desempenharem um papel essencial na produção de nanopartículas. Desde o início da nanociência e da nanotecnologia, a água tem desempenhado um papel significativo na produção de uma grande variedade de nanopartículas, devido ao seu estatuto de solvente mais comum, difundido e acessível do planeta. Por exemplo, as nanopartículas de ouro e prata foram eficazmente sintetizadas utilizando ácido gálico, um produto químico com funções duplas, num meio aquoso [14]. Além disso, foram produzidas nanopartículas de ouro através de uma técnica de ablação por laser numa solução que contém água. Como a água contém oxigénio, as nanopartículas de ouro sintetizadas sofreram uma oxidação parcial, o que aumentou a sua reatividade química e influenciou o seu desenvolvimento [15]. Na literatura científica, existem duas linhas principais de investigação sobre a síntese "verde". A primeira abordagem utiliza a água no seu estado natural como solvente, tirando partido das qualidades únicas deste meio. Para a síntese de nanopartículas sustentáveis, a água é uma escolha muito atractiva, uma vez que é um solvente amigo do ambiente e de fácil acesso. A utilização de extractos ou fontes naturais como blocos de construção primários para um produto sintético é a segunda abordagem que pode ser utilizada. Esta estratégia faz uso dos recursos renováveis que o mundo natural oferece e encoraja o desenvolvimento de métodos de síntese que são menos prejudiciais para o ambiente. Os líquidos iónicos, muitas vezes conhecidos como ILs, surgiram recentemente como um importante avanço nesta área. Os LI são substâncias constituídas por iões e têm um baixo ponto de fusão, o que os torna adequados para a criação de nanopartículas. Têm sido utilizados eficazmente na produção de nanopartículas de muitos metais, incluindo ouro, prata, titânio e platina, entre outros. Os líquidos iónicos têm a capacidade de desempenhar funções duplas como agentes redutores e agentes protectores, o que facilita o processo de síntese de nanopartículas. Os LI podem apresentar propriedades hidrofílicas ou hidrofóbicas, o que depende dos catiões e aniões específicos presentes. Os investigadores têm sido bem sucedidos na catalisação da síntese de nanopartículas com as propriedades desejadas, utilizando uma variedade de ILs, como o hexafluorofosfato (P6) e o tetrafluoroborato (BF4), entre outros [17], [18]. Como potenciais soluções solventes, os fluidos supercríticos, que são criados a pressões e temperaturas superiores ao ponto crítico, têm-se revelado promissores. O dióxido de carbono (CO2) é um fluido que é utilizado numa grande variedade de operações, uma vez que não é tóxico, é inerte e é um fluido supercrítico viável. Além disso, a utilidade da água supercrítica como solvente na produção de nanopartículas foi estabelecida. É possível obter a super saturação, que pode então levar à criação de nanopartículas, se se manipular a quantidade de conteúdo solúvel que os óxidos metálicos têm em torno do seu ponto crítico [24], [25]. Utilizando metanol em combinação com água subcrítica e supercrítica, os investigadores conseguiram fabricar eficazmente nanopartículas de tungsténio [26]. A utilização da água como solvente, a inclusão de extractos ou fontes naturais, bem como as descobertas que foram feitas em líquidos iónicos e fluidos supercríticos, proporcionam grandes benefícios no desenvolvimento de procedimentos de síntese "verdes". Estes métodos incentivam a utilização de solventes não tóxicos e renováveis, o que contribui para práticas mais respeitadoras do ambiente na síntese de nanopartículas. Os investigadores podem melhorar os seus conhecimentos sobre a síntese "verde" trabalhando em conjunto e investigando mais aprofundadamente estes processos. Isto permitir-lhes-á aumentar a utilização de soluções não tóxicas e aproveitar as fontes de energia renováveis que são obtidas a partir de recursos naturais.

Diferentes Nanopartículas Sintetizadas via protocolo de Química Verde

1. Nanopartículas de ouro:

O fabrico de nanopartículas de ouro (Au NPs) de uma forma que seja benigna para o ecossistema circundante implica frequentemente a redução de iões de ouro em solução através da utilização de agentes redutores obtidos a partir de compostos vegetais ou de micróbios. No método tradicional, os extractos são preparados mergulhando plantas moídas em solventes como a água ou o etanol durante um certo período de tempo a uma determinada temperatura e humidade relativa. Em seguida, estes extractos são misturados com uma solução que contém iões de ouro, o que provoca uma mudança de cor para vermelho e a criação de NPs de Au [27][28][29]. Por exemplo, o ácido cloroaurico pode ser convertido em nanopartículas de ouro utilizando extractos das secções aéreas da planta Cassia auriculata [30]. Estes extractos foram retirados da planta Cassia auriculata. As nanopartículas assumem normalmente uma forma esférica; no entanto, há relatos de algumas que assumem uma forma triangular ou hexagonal. O extrato de Pogestemon benghalensis foi utilizado na síntese de nanopartículas de ouro, cujas formas incluíam esferas e triângulos. O tamanho das nanopartículas variava entre 10 e 50 nm. A utilização do extrato de pelargonium resultou na produção de nanopartículas de ouro exclusivamente esféricas, com tamanhos entre 10 e 100 nm [31]. A estrutura cúbica das NPs Au foi verificada por análise XRD, que apresentou picos típicos a 38 graus, 44 graus, 64 graus e 77 graus, respetivamente, correspondendo aos planos (1 1 1), (2 0 0), (2 2 0) e (3 1 1), respetivamente [32]. O grau em que as nanopartículas de ouro podem ser produzidas de uma forma amiga do ambiente é influenciado pela quantidade de ácido cloroáurico presente na reação. Ahmad et al. efectuaram uma investigação sobre a formação de NPs de Au com dosagens variáveis de Au e encontraram alterações na cor da solução, bem como na absorvância UV-Vis. Quando um extrato aquoso de folhas de Elaeis guineensis (óleo de palma) foi utilizado para diminuir o Au(III) em várias concentrações, foi demonstrado que os valores de pico de absorção das NPs de Au eram comparáveis; no entanto, a absorvância mudou dependendo da concentração do extrato. Este facto demonstrou que não houve formação de NPs Au quando a concentração de Au(III) foi inferior a 1 mM [33]. No entanto, a influência que concentrações muito baixas de Au(III) têm na redução e a questão de saber se iões de ouro com concentrações extremamente baixas podem ou não ser eficientemente reduzidos ainda não são totalmente compreendidas. Uma vez que as nanopartículas de ouro são tão susceptíveis à oxidação quando expostas ao ar, a manutenção da sua estabilidade é um fator extremamente importante a ter em conta. Para resolver este problema, foi efectuada investigação sobre a estabilidade das nanopartículas de ouro (Au NPs), quer durante o processo de síntese, quer durante o armazenamento. Aljabali et al. utilizaram o UV-Vis para estudar a absorvância das Au NPs em várias durações de reação. Descobriram que um tempo de reação de 3 minutos resultava numa medição consistente do comprimento de onda. Esta descoberta sugere que o número de NPs Au permaneceu constante durante este período, indicando nanopartículas de ouro estáveis [34]. Os investigadores utilizaram o UV-Vis para realizar a sua investigação. A produção de nanopartículas de ouro pode também incluir a participação de microrganismos de determinadas formas. Por exemplo, a estirpe de levedura Magnusomyces ingens LH-F1, que foi cultivada num ambiente aeróbico a uma temperatura constante, começou a produzir nanopartículas de ouro assim que o HAuCl4 foi introduzido na solução celular. Outros microrganismos, como o HS-11 e os filamentos de fungos mesófilos, também foram utilizados no fabrico de nanopartículas de ouro ecológicas (Au NPs). Os métodos de produção ecológica de nanopartículas de ouro têm-se revelado promissores para uma série de aplicações. Por exemplo, a decomposição do 4-nitrofenol e do alaranjado de metilo, bem como a deteção de amoníaco, podem ser eficazmente catalisadas por nanopartículas de óxido de ouro que foram sintetizadas utilizando a quercetina como mediador [35]. As nanopartículas de ouro estão a tornar-se um tema de discussão cada vez mais popular no domínio da medicina. O estudo realizado em 2020 por Lee et al. revelou a excelente compatibilidade da superfície e as capacidades de absorção de biomoléculas das nanopartículas de ouro, ambas com potencial para melhorar os resultados da terapia terapêutica. Uma vez que as nanopartículas de ouro podem funcionar como transportadoras de uma grande variedade de substâncias bioactivas, incluindo medicamentos anticancerígenos, têm um potencial de utilização significativo no domínio da medicina, nomeadamente no domínio da oncologia.

2. Nanopartículas de prata:

A combinação de uma solução de nitrato de prata com produtos químicos redutores obtidos a partir de plantas é uma das técnicas ecológicas mais comuns e amplamente utilizadas para a criação de nanopartículas de prata (Ag NPs). Este processo é considerado um dos mais populares. O procedimento é um pouco semelhante ao que foi descrito para as nanopartículas de ouro. Quando os extractos de plantas são recolhidos e depois combinados com uma solução contendo nitrato de prata, ocorre uma mudança de cor para um tom acastanhado. Esta mudança de cor é uma indicação de que se formaram nanopartículas de prata [36]. Para atingir este objetivo, foi utilizada uma variedade de plantas e extractos dessas plantas. Por exemplo, o pó obtido das folhas de Tephrosia purpurea foi dissolvido em água e depois cozinhado durante quinze minutos a uma temperatura de sessenta graus Celsius. Depois disso, a solução foi centrifugada, filtrada e tratada com nitrato de prata [37]. A fibra de coco extraída de cocos (Cocos nucifera) também foi utilizada na síntese de nanopartículas de prata (Ag NPs), sendo o extrato mantido a uma temperatura de 4 graus Celsius enquanto a reação tem lugar num banho de óleo a uma temperatura de 60 graus Celsius [38]. Os subprodutos vegetais também têm potencial para atuar como agentes redutores. A produção de adubos azotados agrícolas (Ag NPs) inclui tradicionalmente a utilização de resíduos de gramíneas, como o feno. Para produzir o extrato, o feno deve primeiro ser lavado, higienizado, fervido e filtrado. Uma vez concluída esta etapa, o extrato é combinado com nitrato de prata para criar Ag NPs. Esta abordagem oferece uma alternativa sustentável à prática da queima de resíduos agrícolas, o que ajuda a reduzir os níveis de poluição atmosférica e pode trazer algumas vantagens para os fertilizantes azotados utilizados na agricultura [36]. A produção ecológica de nanopartículas de prata é afetada por uma variedade de factores, incluindo o extrato vegetal, o pH e a temperatura, entre outros. É possível que várias partes da mesma planta tenham impactos diferentes na síntese de nanopartículas. Por exemplo, os efeitos que os extractos de calo e de folha de Sesuvium portulacastrum L têm na síntese de Ag NP não são os mesmos, com o extrato de tecido de calo a apresentar uma maior capacidade de redução [39]. Além disso, o pH pode ter um papel na forma como as NPs de Ag são formadas. O extrato de vagem de Acacia nilotica foi utilizado para sintetizar NPs de Ag numa variedade de níveis de pH; contudo, a alteração do pH não teve influência na morfologia das nanopartículas, mas verificou-se uma mudança hipsocrómica, o que indicou que os tamanhos das partículas variavam [41]. A temperatura é outro componente essencial, sendo que a variação da temperatura produz uma variedade de resultados distintos. A síntese de nanopartículas de prata por Couroupita guianensis Aubl a uma variedade de temperaturas demonstrou que 37 graus Celsius não resultou na criação de nanopartículas, enquanto 20 graus Celsius exibiu a melhor absorvância [42]. As NPs de Ag que foram sintetizadas utilizando uma variedade de extractos de plantas apresentam uma vasta gama de formas e tamanhos, sendo as mais predominantes as partículas hexagonais, triangulares e esféricas [43]. O teste de estabilidade é uma parte essencial da síntese ecológica e os investigadores descobriram que as NPs Ag são estáveis durante determinados períodos de tempo, incluindo 10, 20, 30, 40, 50 e 60 minutos [44]. As nanopartículas de prata têm-se mostrado promissoras para utilização em catálise e no tratamento de infecções microbianas. Têm um impacto inibidor não só nas bactérias Gramnegativas, mas também nas bactérias Gram-positivas [45]. A utilização de nanopartículas de prata (Ag NPs) como fotocatalisadores em equipamento médico e elétrico é outra aplicação [46]. Globalmente, a síntese de nanopartículas de prata através de técnicas respeitadoras do ambiente, utilizando extractos de plantas como agentes redutores, proporciona uma abordagem sustentável e menos destrutiva com potenciais aplicações numa variedade de domínios. Estas nanopartículas podem ser utilizadas numa série de domínios diferentes.

3. Nanopartículas de cobre:

Como o cobre é um metal de transição leve, não é possível fabricar simplesmente nanopartículas de cobre (Cu NPs) extraindo o cobre dos seus sais naturais. Isto deve-se à natureza do cobre. De acordo com Shende et al. (2015) [47], a utilização de agentes de cobertura, como os surfactantes, é necessária para exercer controlo sobre o tamanho das partículas. De acordo com Moses, e como indicado por Basu et al. (2015) [48], a síntese biológica de NPs de Cu pode ser separada em dois grupos principais: aqueles que usam extractos microbianos e aqueles que usam extractos de plantas. Os investigadores Cuevas e colegas revelaram que as proteínas extracelulares presentes em isolados microbianos têm o potencial de serem úteis na síntese e estabilização de nanopartículas de cobre (NPs Cu). Durante a síntese de nanopartículas de cobre, Hussain et al. utilizaram compostos não perigosos, como o ácido L-ascórbico e outras substâncias do mesmo género. A quantidade de ácido L-ascórbico utilizada determinou o tamanho das nanopartículas de cobre produzidas. De acordo com Edison et al. [49], os extractos de plantas das espécies Eucalyptus sp., Thymus vulgaris L. e Gingko biloba Linn foram utilizados na síntese de nanopartículas de cobre (Cu NPs). O artigo não discutiu as utilizações das NPs de Cu que foram sintetizadas a partir de Eucalyptus sp. apesar do facto de a sua homogeneidade ser elevada. As folhas de Thymus vulgaris L. continham quantidades substanciais de componentes fenólicos e flavonóides, ambos os quais funcionavam para reduzir com sucesso as concentrações de sais de cobre e evitar a aglomeração. Os flavonóides, devido à sua capacidade de transferir átomos de hidrogénio ou electrões, têm caraterísticas que os tornam antioxidantes eficazes. A produção de nanopartículas de cobre, utilizando bentonite e folhas de Thymus vulgaris L., resultou em partículas amplamente disseminadas pela substância. A redução do vermelho do Congo (RC) e do azul de metileno (MB) utilizando estas bentonite e nanopartículas de cobre como catalisadores produziu bons resultados. Além disso, a atividade destes catalisadores não diminuiu mesmo depois de serem reciclados até cinco vezes. De acordo com Karimi e Mohsenzadeh [51], a síntese de nanopartículas de cobre (Cu NPs) incluiu a utilização de flores da planta Aloe vera. A proteína que foi descoberta nas flores serviu como um revestimento na superfície das partículas, o que tornou o processo de síntese mais suave. Em comparação com a utilização de diversos extractos de plantas, a extração de cobre para a produção de nanopartículas foi feita com sumo de limão, por ser um método mais simples. Para extrair o sumo, os frutos de cidreira tiveram de ser primeiro lavados, depois espremidos e, por fim, coados através de um tecido de musselina. O sumo de cidra foi utilizado na síntese de nanopartículas de cobre (NPs de Cu), que apresentaram uma ação antibacteriana e antifúngica contra fungos e bactérias prejudiciais às plantas, tais como Escherichia coli, Klebsiella pneumoniae, Pseudomonas aeruginosa, Propionibacterium acnes e Salmonella typhi. De acordo com Shende et al. (2015) [52], a produção de nanopartículas de cobre utilizando sumo de cidra não só é viável, mas também rentável e apelativa para potenciais aplicações no mundo real. Os frutos de Psidium guajava L., que são ricos em vitamina C, foram incluídos num procedimento de quatro passos desenvolvido por Carolling et al. (2015) [53] com o objetivo de sintetizar nanopartículas de cobre (Cu NPs). Depois de ser aquecida em água, a cor da solução passou de incolor a verde e depois a castanha, o que prova que foram formadas NPs de Cu. Como agente de cobertura, foi utilizado o macrogol 6000 (também conhecido como PEG 6000) para que o coloide metálico não se tornasse instável e se evitassem produtos oxidados. A atividade antibacteriana das nanopartículas de cobre que foram sintetizadas a uma temperatura de 800 graus Celsius com uma proporção de 3:1 ($CuSO_4$:extrato) e um pH de 10 exibiu uma atividade notável contra bactérias gram-positivas (Staphylococcus aureus) e gram-negativas (E. coli). Os investigadores Nagajyothi et al. (2017) [54] decidiram utilizar a soja preta como agente sintético para a produção de NPs de CuO devido à elevada concentração de produtos químicos biológicos que podem ser encontrados na soja preta.

4. Nanopartículas de paládio:

O paládio, abreviado como Pd, é um metal precioso que se destaca pela sua elevada densidade. De acordo com Nasrollahzadeh e Mohammad Sajadi (2016), pode ser utilizado no domínio do diagnóstico médico, bem como na produção de catalisadores e biossensores. De acordo com Siddiqi e Husen, as capacidades catalíticas sem ligandos das nanopartículas de Pd, também conhecidas como Pd NPs, ganharam um interesse substancial nos últimos anos. Gang Em um trabalho realizado por Turunc et al. (2017), as NPs de Pd foram usadas no processo de decomposição de azo-corantes. Essas NPs de Pd foram sintetizadas por Li et al. usando carboximetilcelulose. As NPs de Pd que foram produzidas a partir do extrato de folhas de chá preto demonstraram ser eficientes como catalisadores no processo de acoplamento Suzuki-Miyaura por Li et al. em 2017 [58]. Este facto foi comprovado pelos investigadores. De acordo com Veisi et al. (2016), as NPs de Pd geradas por Filicium decipiens apresentaram forte atividade antibacteriana contra bactérias Gram-positivas e Gramnegativas. De forma semelhante, as NPs de Pd que foram fabricadas a partir de um extrato de folha de Sapium sebiferum exibiram uma potente atividade antibacteriana, para além de capacidades hemolíticas e fotocatalíticas. As NPs de Pd foram testadas contra estirpes resistentes a medicamentos de Pseudomonas aeruginosa, Staphylococcus aureus e Bacillus subtilis numa investigação separada. De acordo com os resultados, as zonas de inibição causadas pelas NPs de Pd contra B. subtilis mediram 19 0,6 milímetros, enquanto as causadas por S. aureus mediram 29 0,8 milímetros e as causadas por P aeruginosa mediram 11 0,6 milímetros (Kora e Rastogi, 2016) [59]. Tanto o Gram-negativo P aeruginosa quanto o Grampositivo S. aureus foram suprimidos com sucesso pelas NPs de Pd que foram geradas a partir da goma olíbano. De acordo com as observações feitas por Hussain et al. (2016) e Sone et al., a criação de NPs de Pd fez uso considerável de extractos de plantas, incluindo as folhas, frutos e raízes das plantas. As NPs de Pd que foram formadas utilizando extractos de plantas mostraram ter tamanhos de partículas mais baixos quando comparadas com as produzidas utilizando outros agentes sintéticos, tal como referido por Turunc et al. Por exemplo, o extrato das folhas da planta conhecida como Filicium decipiens foi utilizado na produção de NPs de Pd. Sharmila e colegas avançaram com a hipótese de que os fitoquímicos no extrato da folha eram responsáveis pelos efeitos de redução e estabilização [61]. Numa investigação diferente que utilizou o extrato de folhas de Euphorbia granulate, Nasrollahzadeh e Mohammad Sajadi descobriram que o processo de síntese necessitava de muito menos tempo. Os investigadores determinaram que uma temperatura de 80 graus Celsius, um período de reação de 20 minutos e um rácio de diluição de 20% eram as circunstâncias mais favoráveis para a produção de extractos de plantas. Descobriu-se que os compostos fenólicos contidos nas folhas da Euphorbia granulate podem impedir a oxidação das NPs de Pd. Para além disso, a presença de fenóis não facilitou a agregação de nanopartículas de cobre, mas é necessário um estudo mais aprofundado para descobrir se os fenóis têm ou não potencial, em geral, para impedir o processo de oxidação de outros metais em nanoescala. Além disso, os polifenóis e muitos outros fitoquímicos funcionaram bem para evitar a aglomeração [62].

5. Nanopartículas de ferro:

Atualmente, estão a ser realizados estudos sobre uma grande variedade de materiais com o objetivo de desenvolver métodos ecologicamente benignos de fabrico de NPs de Fe. A síntese verde de NPs de Fe que demonstrou uma atividade antioxidante significativa foi feita com a ajuda de amostras de manga recolhidas por Weng et al., folhas de eucalipto e sementes de uva recolhidas por Vitis vinifera L., Alguns dos NZVI sintéticos mostraram melhor estabilidade do que outros, com um potencial zeta de cerca de -82,6 mV. Um exemplo é o NZVI que foi sintetizado pela folha de Urtica dioica por Ebrahiminezhad et al., que relataram que o seu produto tinha um potencial zeta de cerca de -82,6 mV. A criação de nanopartículas de ferro (Fe NPs) utilizando extractos de chá preto, chá oolong e chá verde foi investigada por Ye et al. que compararam os resultados. Isto deveu-se ao facto de o chá verde incluir uma grande quantidade de polifenóis ou cafeína, ambos funcionando como agentes de cobertura e redução na síntese de nanopartículas de ferro (Fe NPs). Esta foi a razão pela qual. O chá verde produziu o extrato mais eficaz para o fabrico de NPs de ferro. Na reação de Fenton, as NPs de Fe formadas pelo chá verde podem ser utilizadas como substituto do elemento Fe2+, como afirmam Shahwan et al. [63]. Wang et al. utilizaram os extractos de folhas de Eucalyptus tereticornis, Melaleuca nesophila e Rosemarinus officinalis para produzir com êxito nanopartículas de ferro-polifenol capazes de decompor eficazmente o combustível azoico. Além disso, Huang et al. descobriram que o corante podia ser eficazmente decomposto por NPs de Fe produzidas a partir de extrato de chá oolong. Este estudo foi escrito e publicado na publicação académica conhecida como Nanoscale. Naseem et al. utilizaram o aquecimento convencional para produzir extractos de folhas de Gardenia jasminoides e Lawsonia inermis, a fim de se prepararem para a síntese de NPs de Fe. Isto foi feito como preparação para a síntese de NPs de Fe. De acordo com Naseem e Farrukh (2015), as NPs de Fe que foram sintetizadas através da utilização de Gardenia jasminoides tiveram uma influência substancial na prevenção do desenvolvimento de Staphylococcus aureus. Wei et al. estudaram a viabilidade de sintetizar NPs de Fe utilizando um extrato de Eichhornia crassipes, que é uma erva daninha invasora com uma excelente taxa de crescimento e fecundidade [64]. Esta investigação segue o mesmo espírito que a anterior. Realizaram uma série de experiências para determinar se o crómio podia ou não ser extraído das NPs, e os resultados sugeriram que o crómio podia ser removido das NPs através dos processos de redução, imobilização e coprecipitação. A síntese de ferro zero-valente à escala nanométrica (NZVI), como afirmam Turakhia et al., é um procedimento mais difícil do que o fabrico de outras nanopartículas. De acordo com a investigação de Gao et al., os extractos de sementes de uva tiveram um desempenho admirável como agente estabilizador e reduziram com êxito a oxidação e a aglomeração de NZVI. Isto foi possível devido à presença de polifenóis e proantocianidinas, que reduziram as espécies reactivas de oxigénio, tais como os radicais peroxilo e hidroxilo, tornando possível que tal acontecesse. Os polifenóis, de acordo com o estudo realizado por Manquian-Cerda et al., também têm o potencial de atuar como agentes de cobertura, o que lhes confere a capacidade de aumentar a estabilidade das nanopartículas. Esta investigação foi publicada na revista Nano Letters. O NZVI que foi produzido pode ser encontrado numa variedade de dimensões e formas. Descobriu-se que os extractos de folhas de romã e de amoreira geram NZVI com o tamanho mais pequeno (5-10 nm), enquanto apenas os extractos de folhas de pereira produzem NZVI com uma forma retangular. É concebível que os diferentes antioxidantes presentes em cada extrato de folha sejam responsáveis pelos NZVIs que se apresentam numa variedade de formas e tamanhos. O NZVI verde que foi sintetizado também encontrou uma utilização significativa numa variedade de contextos. O NZVI que foi sintetizado a partir do extrato de folhas de Spinacia oleracea foi bem sucedido no tratamento de águas residuais eutróficas, enquanto o NZVI que foi sintetizado a partir do extrato de folhas de eucalipto foi bem sucedido no tratamento de CBO e CQO por Wang et al., [65]. Ambos os estudos foram publicados na revista Water Research. Além disso, o NZVI que foi criado utilizando extractos de folhas de carvalho mostrou um grau considerável de promessa na área da recuperação do solo. Foram utilizados extractos de folhas de carvalho para fabricar o NZVI. De acordo com a investigação de Fazlzadeh et al., a utilização de NZVI sintetizado a partir de extrato de urtiga para a remoção de furfural em águas residuais foi um esforço bem sucedido. De acordo com os resultados de Machado et al., os NZVIs que foram sintetizados utilizando folhas de uva ou folhas de chá preto puderam ser empregues no processo de degradação do ibuprofeno em solo arenoso. Foi o que se verificou quando os investigadores examinaram os efeitos dos NZVI na degradação do ibuprofeno. Além disso, a aplicação do NZVI formado por preparações de folhas de cerejeira, amoreira e carvalho tem o potencial de remover As(III). Isto pode ser feito para completar a remoção de As(III). Para eliminar o arsénico de uma forma comparável à que pode ser conseguida pelos extractos de folhas de hortelã (Menthaspicata L.), eucalipto ou mirtilo, o NZVI pode ser sintetizado utilizando estes extractos de folhas. Soliemanzadeh e Fekri revelaram que o NZVI criado com extractos de folhas de chá verde apresentava uma adsorção de fósforo dependente do pH. Por outro lado, o NZVI que foi sintetizado usando chá preto mostrou-se eficiente na eliminação de flúor da água[66]. De acordo com Wang et al. (2017), a degradação de azul de metileno e verde malaquita incluiu a utilização de NZVI que foi sintetizado por polifenol de chá puro. Mostafa Leili e os seus colegas conseguiram eliminar a cefalexina utilizando NZVI que foi sintetizado a partir de extractos de folhas de urtiga e tomilho. Leili et al. descobriram que o comportamento de monocamada dos adsorventes, as dimensões muito pequenas do NZVI e a seletividade para o soluto contribuíram para um elevado nível de remoção da cefalexina. O NZVI derivado de plantas como os folhetos de Murrayakoenigii demonstrou uma quantidade significativa de atividade antibacteriana, tal como afirmado pelos resultados de outro estudo realizado por Kiruba Daniel et al. Fazlzadeh et al. utilizaram adicionalmente extractos de plantas derivados das folhas de Urtica dioica, Thymus vulgaris, Rosa damascene e Cupressus sempervirens. As algas, que são outra fonte importante, também podem fornecer a matéria-prima para a produção de extractos. Esses extractos incluíam polifenóis, e esses polifenóis funcionavam como agentes de cobertura, o que aumentava a estabilidade inerente das NPs de Fe. Machado et al. (2014) conseguiram sintetizar NZVI utilizando os produtos residuais do sumo de citrinos, que incluíam a casca e a polpa de tangerina, limão, lima e laranja. Para tal, utilizaram os produtos residuais da produção de sumo de citrinos. Pelo facto de não se ter verificado qualquer agregação percetível, parece que os NZVI são capazes de manter a sua capacidade de resposta mesmo quando são interrompidos. O pH de uma combinação que contém Sapindus mukorossi (reetha crua) e nitrato ferroso tem de ser ajustado para um valor entre 8 e 12, a fim de facilitar a síntese de nanopartículas de -Fe2O3 (hematite). Na sua produção de nanopartículas de Fe2O3 (hematite), Nagajyothi et al. (2016) utilizaram sementes de Psoralea corylifolia extraídas da água como ingrediente adicional. A atividade catalítica para a decomposição do azul de metileno demonstrou ser muito forte nas partículas que foram sintetizadas [67].

6. Nanopartículas de óxido de cério:

Extractos de plantas, microorganismos e outros resíduos biológicos podem ser utilizados na síntese de nanopartículas ecológicas de óxido de cério (CeO2). Esta é uma das hipóteses que tem sido colocada. Entre estas fontes, as plantas surgiram como especialmente eficientes devido ao facto de serem abundantes, seguras e conterem uma variedade de compostos que reduzem e estabilizam [68]. No fabrico de nanopartículas de CeO2, têm sido utilizados componentes de plantas como folhas, flores e caules [69], sendo os extractos de folhas o foco da maioria dos estudos em síntese verde [70]. Como agentes redutores e estabilizadores, são utilizados metabolitos e fitoquímicos, que podem ser encontrados em extractos de plantas, como cetonas, ácidos carboxílicos, fenóis e ácido ascórbico. O sal metálico a granel é acoplado ao extrato através de uma técnica simples, e a reação é deixada a decorrer nas condições típicas de um laboratório durante alguns minutos a algumas horas. Os fitoquímicos provocam uma redução da solução de sal metálico, o que acaba por resultar no desenvolvimento de nanopartículas. Estas nanopartículas podem ser confirmadas por alterações de cor (de incolor a amarelo, acastanhado ou branco), e a sua caraterização pode ser efectuada através da utilização de métodos espectroscópicos e de imagem. Utilizando um extrato de folhas de Moringa oleifera L., por exemplo, foi possível produzir nanopartículas de CeO2 com morfologias redondas e um tamanho de 100 nm. Estas nanopartículas mostraram-se promissoras como possíveis agentes antibacterianos, bem como agentes de cicatrização de feridas. A fim de produzir nanopartículas antimicrobianas de CeO2, um agente redutor e estabilizador que foi utilizado na produção destas partículas foi o extrato de folhas da espécie vegetal Gloriosa Superba. O extrato natural das flores de Hibiscus sabdariffa foi utilizado na produção de CeO2 com um diâmetro exterior de 3,9 nanómetros. O extrato de gel da planta Aloe barbadensis resultou na formação de nanopartículas de CeO2 de forma esférica com um tamanho de 63,6 nanómetros, que demonstraram uma elevada atividade antioxidante. A utilização do extrato de folhas de Jatropha curcus permitiu a criação de nanopartículas de CeO2 numa forma monodispersa que varia entre 3 e 5 nm. Estas nanopartículas têm uma excelente capacidade fotocatalítica. Além disso, as nanopartículas de CeO2 produzidas a partir do extrato de folhas de Olea europaea demonstraram uma potente ação antibacteriana contra bactérias Gram-negativas e Gram-positivas. As preparações de origanum majorana resultaram no desenvolvimento de nanopartículas de CeO2 pseudo-esféricas com um tamanho de 20 nm, enquanto as folhas de rubia cordifolia foram utilizadas para produzir nanopartículas de CeO2 de forma hexagonal com um tamanho de 26 nm. Ambas as formas foram obtidas pelas nanopartículas. Estas nanopartículas orgânicas de CeO2 apresentaram possíveis caraterísticas anticancerígenas. O tamanho e a forma das nanopartículas sintetizadas podem ser influenciados por uma grande variedade de parâmetros, tais como a temperatura da reação, o pH da reação, a duração da reação, a quantidade de sal precursor e de extrato vegetal e o componente vegetal específico que é utilizado. As nanopartículas de CeO2 produzidas a partir de plantas têm uma boa estabilidade numa vasta gama de condições ambientais, apesar do facto de existirem estas variações. Não são afectadas por soluções líquidas e têm uma excelente estabilidade térmica, mesmo quando aquecidas a níveis elevados. Para além disso, são capazes de manter a sua estabilidade durante longos períodos de tempo, o que é indicativo da sua natureza duradoura e comportamento constante.

Além disso, os micróbios foram utilizados como componente na produção de nanopartículas de CeO2. Nanopartículas cúbicas de fluorite com um tamanho típico de 5 nm foram criadas por um extrato de Aspergillus niger. Estas nanopartículas tinham uma forma esférica. Através da análise FT-IR, foi demonstrado que a amostra incluía grupos hidroxilo, grupos carboxílicos e grupos fenol; este facto dá crédito à ideia de que estes grupos desempenham uma função na redução das nanopartículas. O extrato de Curvularia lunata foi utilizado para sintetizar nanopartículas de CeO2 de forma esférica, com tamanhos compreendidos entre 5 e 20 nm. Estas nanopartículas apresentaram uma forte atividade antibacteriana contra uma variedade de agentes patogénicos que causam doenças. O extrato de Fusarium solani produziu nanopartículas de CeO2 de forma esférica com diâmetros que variam entre 20 e 30 nm. Estas nanopartículas foram eficazes na supressão do desenvolvimento e da formação de biofilmes de estirpes bacterianas perigosas. O fabrico de nanopartículas de CeO2 de forma esférica (12-20 nm) foi possível graças à utilização de um fungo termofílico chamado Humicola como agente de cobertura. Estas nanopartículas apresentam potencial para o tratamento de doenças neurológicas. A produção de nanopartículas de CeO2 de forma esférica com um tamanho médio de 8 nm, que demonstraram uma excelente atividade antioxidante, foi conseguida utilizando um extrato bacteriano como o extrato de Bacillus subtilis. A criação microbiana de nanopartículas, embora tenha utilizações potencialmente úteis na nanotecnologia e a possibilidade de trazer avanços na nanomedicina, apresenta, no entanto, uma série de obstáculos, incluindo o potencial de patogenicidade, a necessidade de requisitos de cultura extensivos e preocupações com a contaminação. Apesar disso, a síntese microbiana tem um potencial significativo ainda por explorar para o desenvolvimento de novos fertilizantes, compostos de polímeros higiénicos, acessórios médicos, gestão de doenças, fabrico de medicamentos e administração de medicamentos [71].

Aplicações de técnicas de recuperação ambiental

1. Aplicação antimicrobiana:

Em resposta ao aumento do nível de resistência microbiana aos antibióticos e anti-sépticos tradicionais, tem sido realizada uma quantidade significativa de investigação num esforço para melhorar a eficiência das actividades antimicrobianas. Estudos efectuados in vitro demonstraram que o desenvolvimento de uma variedade de bactérias pode ser inibido com êxito pela presença de nanopartículas metálicas [72]. A eficácia das nanopartículas metálicas como agente antibacteriano depende do tamanho das partículas, bem como da substância utilizada para criar as nanopartículas. O aumento contínuo do ritmo a que os micróbios se tornam resistentes aos tratamentos antimicrobianos constitui uma ameaça substancial para a saúde pública em geral. A utilização de antibióticos está repleta de dificuldades, incluindo a eliminação de biofilmes e a luta contra mutações que são resistentes a muitos medicamentos. É possível que os microrganismos se tornem resistentes aos tratamentos utilizados para os tratar, o que poderá, no futuro, resultar numa redução significativa da eficácia dos antibióticos. Como consequência, os doentes podem continuar a sentir os sintomas da sua doença, apesar de terem sido administradas doses substanciais de antibióticos. Os biofilmes contribuem significativamente para a evolução da multirresistência em bactérias que são sujeitas a doses elevadas de antibióticos [73]. Duas doenças típicas que ilustram este fenómeno são a pneumonia e a gengivite. Uma nova técnica potencial para reduzir ou impedir o desenvolvimento da resistência aos medicamentos nos microrganismos é a utilização de nanopartículas. As nanopartículas metálicas, como as partículas contendo metais, os nanomateriais libertadores de azoto (NO NPs) e as nanopartículas contendo quitina (chitosan NPs), combatem os germes através de uma combinação de vários processos em simultâneo. As nanopartículas têm o potencial de ser um antídoto eficaz contra a resistência aos medicamentos, uma vez que utilizam vários mecanismos de ação. Para que os micróbios consigam evitar eficazmente os processos antimicrobianos das nanopartículas, teriam de sofrer várias alterações genéticas ao mesmo tempo, o que é muito raro acontecer numa única célula [74]. As caraterísticas antibacterianas das nanopartículas de prata podem ser explicadas pelas suas interações com os grupos dissulfureto ou sulfidrilo das enzimas. Estas interações prejudicam as vias metabólicas, o que, em última análise, resulta na morte celular [75]. Além disso, descobriu-se que as superfícies altamente reactivas de alta densidade de átomos das nanopartículas de prata truncadas em forma de triângulo contribuíam para um aumento da atividade antibacteriana destas nanopartículas [76]. As nanopartículas de ouro, que são reconhecidas pela sua natureza não tóxica, funcionalização, impactos polivalentes e actividades fototérmicas, proporcionam benefícios na produção de medicamentos antibacterianos potentes [77]. As nanopartículas de ouro são conhecidas pela sua capacidade de serem funcionalizadas. No entanto, a produção de espécies reactivas de oxigénio não está de forma alguma relacionada com a ação antibacteriana das nanopartículas de ouro [78]. Os investigadores investigaram o potencial antibacteriano das nanopartículas de ouro associando-as à membrana dos microrganismos, o que resultou numa alteração do potencial da membrana, numa queda dos níveis de ATP e numa inibição da ligação do ARNt ao ribossoma [79]. Estudos que compararam a atividade antibacteriana de nanopartículas de óxido de zinco (ZnO), óxido de cobre (CuO) e óxido de ferro (Fe2O3) contra uma variedade de bactérias concluíram que as nanopartículas de ZnO demonstraram a ação antibacteriana mais forte, enquanto as nanopartículas de Fe2O3 apresentaram a menor eficácia [80]. No que diz respeito à atividade antibacteriana, o tamanho das nanopartículas também tem um impacto importante [81], com as nanopartículas mais pequenas a demonstrarem frequentemente maiores níveis de eficácia. A ação antibacteriana das nanopartículas de ZnO é provocada por uma série de processos diferentes, incluindo a geração de ROS, a libertação de iões de zinco, a falha da membrana e a penetração celular. A atividade antibacteriana das nanopartículas de óxido de cobre foi demonstrada contra espécies bacterianas como a Klebsiella pneumoniae, a Pseudomonas aeruginosa, a Shigella e a Salmonella paratyphi [82]. Existe a hipótese de as nanopartículas de óxido de cobre poderem atravessar a membrana das células bacterianas e causar danos nas enzimas-chave, conduzindo assim à morte das células bacterianas. As nanopartículas sintetizadas de forma ecológica, que são geradas utilizando extractos de plantas como o tulsi e o neem, demonstraram uma maior atividade antibacteriana quando comparadas com nanopartículas sintetizadas quimicamente ou fabricadas comercialmente. As nanopartículas de síntese ecológica são também conhecidas como nanopartículas de síntese ecológica. As qualidades medicinais das plantas utilizadas no processo de criação das nanopartículas são responsáveis por este efeito.

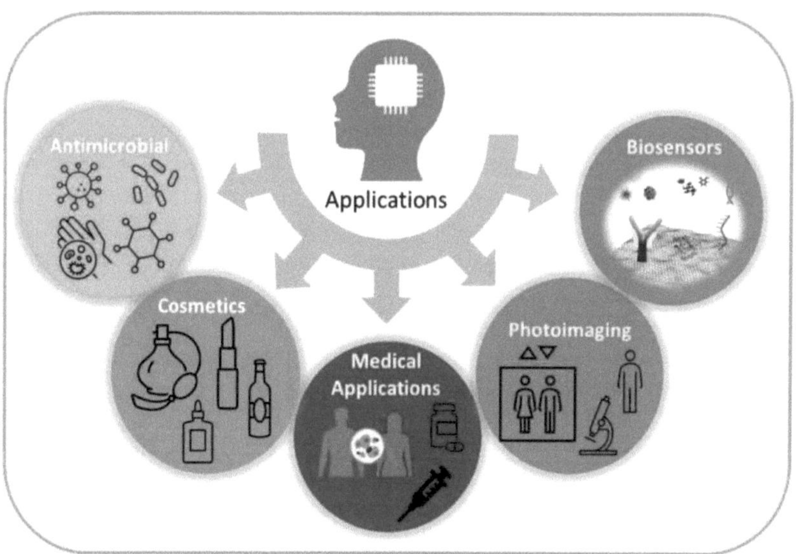

Figura 2: Diferentes aplicações das nanopartículas.

2. Atividade catalítica:

No fabrico de uma grande variedade de produtos químicos, incluindo corantes sintéticos, pesticidas, insecticidas e herbicidas, o 4-nitrofenol e os seus derivados são frequentemente utilizados. No entanto, uma vez que são um dos contaminantes orgânicos que se encontram nas águas residuais em concentrações mais elevadas, estes compostos constituem uma séria ameaça para o ambiente. Devido ao facto de o 4-nitrofenol ser simultaneamente venenoso e inibidor, existem preocupações significativas com o ambiente, o que levou à necessidade de reduzir os níveis destes poluentes. A transformação do 4-nitrofenol no seu produto, o 4-aminofenol, tem uma vasta gama de utilizações na indústria. Algumas destas aplicações incluem o fabrico de paracetamol, corantes de enxofre, antioxidantes de borracha, reveladores de películas a preto e branco, inibidores de corrosão e precursores de medicamentos analgésicos e antipiréticos [83]. A integração do NaBH4 como redutor com um catalisador metálico, como NPs Au, NPs Ag, NPs CuO ou NPs Pd, é a abordagem que demonstrou reduzir o 4-nitrofenol da forma mais rápida e eficaz [84][85][86][87]. Este método não só é eficiente como também é bastante fácil de seguir. As nanopartículas metálicas (NPs) possuem um potencial catalítico notável, que pode ser atribuído à sua elevada relação área superficial/volume, bem como à sua capacidade de absorção superficial rápida. A considerável diferença de potencial entre as moléculas que actuam como dadores (H3BO3/NaBH4) e as moléculas que actuam como receptores (ião nitrofenolato) resulta numa maior barreira de energia de ativação, o que dificulta o êxito da reação. Ao encorajar a adsorção de produtos químicos em reação na sua superfície, as nanopartículas metálicas podem aumentar a taxa de reação, o que, por sua vez, reduz a barreira da energia de ativação [88]. Quando o 4-nitrofenol é submetido a NaOH, a reação resulta na formação de um ião nitrofenolato. Este ião pode ser identificado no espetro UV-visível pela presença de uma banda de absorção específica a 400 nm. Depois de adicionar ao meio de reação as nanopartículas de prata (Ag NPs) produzidas a partir do extrato do caule de Chenopodium aristatum L., a síntese do 4-aminofenol ficou concluída. Isto provoca uma redução abrupta da quantidade de luz absorvida num comprimento de onda de 400 nm, a que se segue o aparecimento de uma banda larga num comprimento de onda de 313 nm [83].

3. Eliminação das cores que poluem o ambiente:

Os poluentes orgânicos, em particular os corantes catiónicos e aniónicos, são amplamente utilizados numa série de contextos industriais, incluindo, entre outros, fábricas de papel, fábricas têxteis, fábricas de plástico, fábricas de couro, fábricas de produtos alimentares, fábricas de impressão e fábricas farmacêuticas [89]. Devido à forte procura nestas indústrias, os corantes naturais desempenham um papel importante. Só no sector têxtil, os corantes são utilizados para colorir uma variedade de materiais diferentes cerca de sessenta por cento do tempo [90]. A teimosia dos corantes, por outro lado, causa uma perda de cerca de 15% do corante durante o processamento do tecido, o que faz com que os corantes sejam libertados nas massas de água e se tornem uma fonte significativa de poluição [91]. A descarga destas substâncias tóxicas no ambiente pelas instalações de fabrico contribui substancialmente para a poluição ambiental. Esta descarga provoca a dispersão das cores na água e reduz a quantidade de luz solar que pode passar. Por este motivo, a síntese fotoquímica é dificultada e os organismos aquáticos e marinhos tornam-se mais susceptíveis aos efeitos dos perigos biológicos. Como consequência, uma das tarefas mais difíceis da química atmosférica é a gestão eficiente dos efluentes que contêm corantes. Prevê-se um aumento da procura de água potável limpa e isenta de riscos no futuro, o que levou a um grande aumento da atenção da investigação centrada na utilização de nanopartículas metálicas e de óxidos metálicos formadas a partir de semicondutores para a oxidação de poluentes perigosos. As nanopartículas de semicondutores, especialmente os semicondutores de óxidos metálicos como ZnO, TiO2, SnO2, WO3 e CuO, demonstraram ter uma melhor atividade fotocatalítica no processo de destruição de corantes sintéticos [92]. À escala nanométrica, a eficiência fotocatalítica das nanopartículas semicondutoras é muito maior do que a dos materiais a granel. Devido ao seu elevado rácio área superficial/massa, as nanopartículas como o ZnO e o TiO2 são particularmente eficazes na remoção de poluentes orgânicos do ambiente. Mesmo a baixas concentrações de poluentes, os muitos locais quimicamente reactivos nas superfícies das nanopartículas contribuem para um potencial de superfície melhorado e promovem a remoção de poluentes. Como consequência, é necessária uma menor quantidade de nanocatalisador para o tratamento da água, em comparação com o material a granel [93]. Além disso, a degradação fotocatalítica de uma variedade de corantes poluentes é reforçada pela presença de nanopartículas metálicas. Para a destruição de vários corantes poluentes, por exemplo, foram utilizadas nanopartículas de prata sintetizadas a partir do extrato de folhas de Z. armatum [94]. Estes desenvolvimentos recentes nos nanofotocatalisadores têm um grande potencial para a criação de métodos mais eficazes de purificação da água e de eliminação de poluentes.

4. Deteção de iões metálicos pesados:

Os metais pesados como o níquel, o cobre, o ferro, o zinco, o chumbo, o mercúrio e o cobalto são exemplos de poluentes bem conhecidos que podem ser encontrados no ar, no solo e na água. Outros exemplos são o mercúrio e o cobalto. Os resíduos mineiros, as emissões dos automóveis, o gás natural, o fabrico de papel e plástico, a extração de carvão e a indústria de corantes são apenas alguns dos sectores que contribuem para a poluição produzida pelos metais pesados [92]. Certos iões metálicos têm um forte potencial para causar danos, mesmo quando presentes em quantidades tão baixas como vestígios de partes por milhão (ppm) [93]. Por este motivo, é essencial identificar e monitorizar as toxinas no ambiente, a fim de pôr em prática técnicas de remediação bem sucedidas. A sensibilidade das abordagens tradicionais que dependem de sistemas instrumentais é suficientemente elevada para ser útil na análise multielementos. No entanto, estas abordagens não só são dispendiosas e demoradas, como também requerem conhecimentos especializados e não podem ser utilizadas noutros locais. Devido ao facto de o seu tamanho poder ser ajustado e de as suas propriedades ópticas se alterarem em função da distância entre as partículas, as nanopartículas metálicas surgiram como instrumentos ideais para a identificação de iões de metais pesados em fontes de água poluídas. A utilização de nanopartículas metálicas (NPs) como sensores colorimétricos para iões de metais pesados em amostras ambientais oferece uma série de vantagens, incluindo a facilidade de utilização, a relação custo-eficácia e a elevada sensibilidade a concentrações tão baixas como os níveis sub-ppm. Karthiga et al.

[94] sintetizaram nanopartículas de prata (AgNPs) utilizando uma variedade de extractos de plantas. Estas nanopartículas foram utilizadas como sensores colorimétricos para iões de metais pesados na água, incluindo cádmio, crómio, mercúrio, cálcio e zinco (Cd2+, Cr3+, Hg2+ e Zn2+). A deteção colorimétrica de iões de zinco e mercúrio (Zn2+ e Hg2+, respetivamente) foi conseguida utilizando AgNPs recentemente sintetizadas. Do mesmo modo, os iões mercúrio e chumbo (Hg2+ e Pb2+) puderam ser detectados seletivamente utilizando AgNPs que tinham sido sintetizadas utilizando folhas de manga acabadas de colher ou folhas de manga secas ao sol. Estas nanopartículas de prata foram designadas por MF-AgNPs e MD-AgNPs, respetivamente. Além disso, as AgNPs produzidas a partir do extrato de sementes de pimenta e do extrato de chá verde apresentaram propriedades de deteção selectiva dos iões Hg2+, Pb2+ e Zn2+. Estas AgNPs são designadas por GT-AgNPs. Estes desenvolvimentos recentes em AgNPs têm um grande potencial para a análise selectiva de amostras ambientais para a presença de iões de metais pesados.

Conclusão

Nos últimos dez anos, tem-se registado um aumento do interesse pela criação "verde" de nanopartículas feitas de metais e óxidos metálicos. Este interesse tem sido motivado pela necessidade de reduzir o impacto ambiental. Para a síntese e produção de uma grande variedade de materiais, vários extractos biológicos, tais como os obtidos a partir de plantas, bactérias, fungos, leveduras e extractos de plantas, foram identificados como recursos importantes. Os extractos de plantas, em particular, têm-se revelado muito eficazes como agentes estabilizadores e redutores para a síntese controlada de materiais com determinadas formas, dimensões, estruturas e outras caraterísticas desejáveis. Esta eficácia foi comprovada através de uma série de estudos. Este capítulo do livro vai fornecer-lhe uma visão geral da investigação mais recente sobre como produzir nanopartículas de metal e de óxido de metal de uma forma amiga do ambiente, bem como as suas utilizações na limpeza de ambientes poluídos. Este capítulo examina os desenvolvimentos mais recentes em nanotecnologia, aprofundando os métodos de síntese pormenorizada e fazendo uma análise da literatura sobre o papel que os solventes desempenham na geração de nanopartículas. O objetivo é colmatar a lacuna entre a investigação laboratorial e a produção à escala industrial de materiais e nanopartículas potencialmente verdes, tendo em consideração as preocupações tradicionais e contemporâneas, em particular as que dizem respeito aos efeitos na saúde humana e no ambiente. Este objetivo será atingido abordando os desafios que existem atualmente na síntese ecológica. Foi determinado que a investigação sobre materiais respeitadores do ambiente e a síntese de nanopartículas têm de se concentrar em ultrapassar os limites do laboratório e entrar no domínio das aplicações industriais, mantendo-se simultaneamente atentos aos possíveis efeitos adversos na saúde humana e no mundo natural. Não só se prevê que os produtos químicos derivados de biocomponentes e as nanopartículas produzidas por síntese verde venham a ter uma ampla aplicação na recuperação ecológica, como também se prevê que estas substâncias e nanopartículas venham a ter uma utilização generalizada em domínios importantes como as indústrias médica, alimentar e cosmética. Os materiais verdes e as nanopartículas são favorecidos porque, em comparação com os seus análogos convencionais, produzem menos poluição nociva para o ambiente. Além disso, a geração espontânea de compostos metálicos, compostos de óxidos metálicos e nanopartículas através da utilização de algas aquáticas e de outros organismos aquáticos é ainda, em grande parte, desconhecida da comunidade científica. Este facto abre caminho a um enorme potencial para a investigação e desenvolvimento futuros de técnicas de preparação inovadoras e respeitadoras do ambiente, baseadas em metodologias de síntese naturalmente existentes, que podem ser desenvolvidas a partir destas hipóteses.

Referências

1. Hoffman, M.R., Martin, S.T., Choi, W. e Bahnemann, D.W., 1995. Photocatalysis over semiconductors. Chem Rev, 95(1), pp.69-96.

2. Huang, W. e Ferris, J.P., 2006. Síntese regiosselectiva num só passo de até 50 mers de oligómeros de ARN por catálise de montmorilonite. Journal of the American Chemical Society, 128(27), pp.8914-8919.

3. Kim, J.S., Kuk, E., Yu, K.N., Kim, J.H., Park, S.J. e Lee, H.J., 2007. Nanopartículas de prata libertadas na água a partir de tecidos de meias disponíveis no mercado. Nanomed. Nanotechol. Biol. Med, 3, pp.95-101.

4. Laurent, S., Forge, D., Port, M., Roch, A., Robic, C., Vander Elst, L. e Muller, R.N., 2008. Nanopartículas magnéticas de óxido de ferro: síntese, estabilização, vectorização, caracterizações físico-químicas e aplicações biológicas. Chemical reviews, 108(6), pp.2064-2110.

5. Oskam, G., 2006. Nanopartículas de óxido metálico: síntese, caraterização e aplicação. Jornal de ciência e tecnologia sol-gel, 37, pp.161-164.

6. Su, X.Y., Liu, P.D., Wu, H. e Gu, N., 2014. Aumento da radiossensibilização por nanopartículas à base de metal na radioterapia do cancro. Biologia e medicina do cancro, 11(2), p.86.

7. Doble, M., Rollins, K. e Kumar, A., 2010. Green chemistry and engineering. Academic Press.

8. Iravani, S., 2014. Bactérias na síntese de nanopartículas: estado atual e perspectivas futuras. Avisos internacionais de investigação académica. Jornal de Nanomateriais.

9. Gericke, M. e Pinches, A., 2006. Síntese biológica de nanopartículas metálicas. Hydrometallurgy, 83(1-4), pp.132-140.

10. Mohanpuria, P., Rana, N.K. e Yadav, S.K., 2008. Biosíntese de nanopartículas: conceitos tecnológicos e aplicações futuras. Journal of nanoparticle research, 10, pp.507-517.

11. Yoosaf, K., Ipe, B.I., Suresh, C.H. e Thomas, K.G., 2007. Síntese in situ de nanopartículas metálicas e deteção selectiva a olho nu de iões de chumbo em meios aquosos. The Journal of Physical Chemistry C, 111(34), pp.12839-12847.

12. Er, H., Yasuda, H., Harada, M., Taguchi, E. e Iida, M., 2017. Formação de nanopartículas de prata a partir de líquidos iónicos compreendendo N-alquiletilenodiamina: efeitos dos modos de dissolução dos iões de prata (I) nos líquidos iónicos. Colloids and Surfaces A: Physicochemical and Engineering Aspects, 522, pp.503-513.

13. Vollmer, C., Redel, E., Abu-Shandi, K., Thomann, R., Manyar, H., Hardacre, C. e Janiak, C., 2010. Irradiação por micro-ondas para a síntese fácil de nanopartículas de metais de transição (NPs) em líquidos iónicos (ILs) a partir de precursores de metal-carbonilo e dispersões de Ru-, Rh e Ir-NP/IL como nanocatalisadores de hidrogenação líquido-líquido bifásicos para ciclohexeno. Chemistry-A European Journal, 16(12), pp.3849-3858.

14. Zhang, H. e Cui, H., 2009. Síntese e caraterização de nanopartículas metálicas (ouro e platina) estabilizadas por líquido iónico funcionalizado e híbridos de nanopartículas metálicas/nanotubos de carbono. Langmuir, 25(5), pp.2604-2612.

15. Siddiqi, K.S. e Husen, A., 2016. Fabrico de nanopartículas metálicas a partir de fungos e sais metálicos: âmbito e aplicação. Cartas de investigação em nanoescala, 11, pp.1-15.

16. Wadhwani, S.A., Shedbalkar, U.U., Singh, R. e Chopade, B.A., 2016. Nanopartículas biogénicas de selénio: estado atual e perspectivas futuras. Microbiologia aplicada e biotecnologia, 100, pp.2555-2566.

17. Devi, H.S. e Singh, T.D., 2014. Síntese de nanopartículas de óxido de cobre por um novo método e sua aplicação na degradação de metil laranja. Adv Electron Electr Eng, 4(1), pp.83-88.

18. Er, H., Yasuda, H., Harada, M., Taguchi, E. e Iida, M., 2017. Formação de nanopartículas de prata a partir de líquidos iónicos compreendendo N-alquiletilenodiamina: efeitos dos modos de dissolução dos iões de prata (I) nos líquidos iónicos. Colloids and Surfaces A: Physicochemical and Engineering Aspects, 522, pp.503-513.

19. Xiong, J.Q., Kim, S.J., Kurade, M.B., Govindwar, S., Abou-Shanab, R.A., Kim, J.R., Roh, H.S., Khan, M.A. e Jeon, B.H., 2019. Efeitos combinados de sulfametazina e sulfametoxazol em uma microalga de água doce, Scenedesmus obliquus: toxicidade, biodegradação e destino metabólico. Journal of hazardous materials, 370, pp.138-146.

20. Gunalan, S., Sivaraj, R. e Rajendran, V., 2012. Nanopartículas de ZnO sintetizadas em verde contra patógenos bacterianos e fúngicos. Progresso em Ciências Naturais: Materiais Internacionais, 22(6), pp.693-700.

21. Vidya, C., Hiremath, S., Chandraprabha, M.N., Antonyraj, M.L., Gopal, I.V., Jain, A. e Bansal, K., 2013. Síntese verde de nanopartículas de ZnO por Calotropis gigantea. Int J Curr Eng Technol, 1(1), pp.118-120.

22. Marchiol, L., 2012. Síntese de nanopartículas metálicas em plantas vivas. Revista Italiana de Agronomia, 7(3), pp.e37-e37.

23. Maensiri, S., Laokul, P., Klinkaewnarong, J., Phokha, S., Promarak, V. e Seraphin, S., 2008. Nanopartículas de óxido de índio (In2O3) utilizando extrato de planta de Aloe vera: Síntese e propriedades ópticas. J Optoelectron Adv Mater, 10(3), pp.161-165.

24. Shanker, U., Jassal, V., Rani, M. e Kaith, B.S., 2016. Rumo à síntese verde de nanopartículas: de fontes bio-assistidas a solventes benignos. Uma revisão. Jornal Internacional de Química Analítica Ambiental, 96(9), pp.801-835.

25. Sylvestre, J.P., Poulin, S., Kabashin, A.V., Sacher, E., Meunier, M. e Luong, J.H., 2004. Química da superfície de nanopartículas de ouro produzidas por ablação a laser em meio aquoso. The Journal of Physical Chemistry B, 108(43), pp.16864-16869.

26. Er, H., Yasuda, H., Harada, M., Taguchi, E. e Iida, M., 2017. Formação de nanopartículas de prata a partir de líquidos iónicos compreendendo N-alquiletilenodiamina: efeitos dos modos de dissolução dos iões de prata (I) nos líquidos iónicos. Colloids and Surfaces A: Physicochemical and Engineering Aspects, 522, pp.503-513.

27. Vollmer, C., Redel, E., Abu-Shandi, K., Thomann, R., Manyar, H., Hardacre, C. e Janiak, C., 2010. Irradiação por micro-ondas para a síntese fácil de nanopartículas de metais de transição (NPs) em líquidos iónicos (ILs) a partir de precursores de metal-carbonilo e dispersões de Ru-, Rh e Ir-NP/IL como nanocatalisadores de hidrogenação líquido-líquido bifásicos para ciclohexeno. Chemistry-A European Journal, 16(12), pp.3849-3858.

28. Veh, V.S.C., 2008. R. Iyengar em Química Heterocíclica Abrangente III, Vol. 4.

29. Sheldon, R.A., 2014. Biocatálise em líquidos iónicos. RSC Catal. Ser, 15, pp.20-43.

30. Lazarus, L.L., Riche, C.T., Malmstadt, N. e Brutchey, R.L., 2012. Efeito das impurezas do líquido iónico na síntese de nanopartículas de prata. Langmuir, 28(45), pp.1598715993.

31. Bouquillon, S., Courant, T., Dean, D., Gathergood, N., Morrissey, S., Pegot, B., Scammells, PJ. e Singer, R.D., 2007. Líquidos iónicos biodegradáveis: aplicações sintéticas selecionadas. Jornal australiano de química, 60(11), pp.843-847.

32. Harjani, J.R., Singer, R.D., Garcia, M.T. e Scammells, P.J., 2009. Líquidos iónicos de piridínio biodegradáveis: conceção, síntese e avaliação. Química Verde, 11(1), pp.8390.

33. Imperato, G., König, B. e Chiappe, C., 2007. Solventes iónicos verdes a partir de recursos renováveis. Jornal Europeu de Química Orgânica, 2007(7), pp.1049-1058.

34. Wittmann, K., Wisniewski, W., Mynott, R., Leitner, W., Kranemann, C.L., Rische, T., Eilbracht, P., Kluwer, S., Ernsting, J.M. e Elsevier, C.J., 2001. Dióxido de Carbono Supercrítico como Solvente e Grupo Protetor Temporário para Hidroaminometilação Catalisada por Ródio. Chemistry-A European Journal, 7(21), pp.4584-4589.

35. Pollet, P., Eckert, C.A. e Liotta, C.L., 2011. Solventes para processos químicos sustentáveis. WIT Trans Ecol Environ, 154, pp.21-31.

36. Ohde, H., Hunt, F. e Wai, C.M., 2001. Síntese de nanopartículas de prata e cobre numa microemulsão de água em dióxido de carbono supercrítico. Química dos materiais, 13(11), pp.4130-4135.

37. Kim, M., Lee, B.Y., Ham, H.C., Han, J., Nam, S.W., Lee, H.S., Park, J.H., Choi, S. e Shin, Y., 2016. Síntese fácil de um pote de nanopartículas de óxido de tungstênio (WO3-x) usando fluidos sub e supercríticos. O Jornal de Fluidos Supercríticos, 111, pp.8-13.

38. Talpur, M.Y., Hassan, S.S., Sherazi, S.T.H., Mahesar, S.A., Kara, H. e Kandhro, A.A., 2015. Um método quimiométrico FTIR simplificado para a determinação simultânea de quatro parâmetros de oxidação do óleo de canola de fritura. Spectrochimica Ata Part A: Molecular and Biomolecular Spectroscopy, 149, pp.656-661.

39. Shah, A.S., Lee, K.K., McAllister, D.A., Hunter, A., Nair, H., Whiteley, W., Langrish, J.P., Newby, D.E. e Mills, N.L., 2015. Exposição de curto prazo à poluição do ar e acidente vascular cerebral: revisão sistemática e meta-análise. bmj, 350.

40. Tejamaya, M., Römer, I., Merrifield, R.C. e Lead, J.R., 2012. Estabilidade de nanopartículas de prata revestidas com citrato, PVP e PEG em meios ecotoxicológicos. Ciência e tecnologia ambiental, 46(13), pp.7011-7017.

41. Levard, C., Hotze, E.M., Lowry, G.V. e Brown Jr, G.E., 2012. Transformações ambientais de nanopartículas de prata: impacto na estabilidade e toxicidade. Ciência e tecnologia ambiental, 46(13), pp.6900-6914.

42. Virkutyte, J. e Varma, R.S., 2011. Síntese verde de nanopartículas metálicas: polímeros biodegradáveis e enzimas na estabilização e funcionalização da superfície. Chemical Science, 2(5), pp.837-846.

43. Banerjee, P., Satapathy, M., Mukhopahayay, A. e Das, P., 2014. Síntese verde mediada por extrato de folha de nanopartículas de prata de plantas indianas amplamente

disponíveis: síntese, caraterização, propriedade antimicrobiana e análise de toxicidade. Bioresources and Bioprocessing, 1, pp.1-10.

44. Vickers, N.J., 2017. Comunicação animal: quando estou a chamar-te, também respondes? Current biology, 27(14), pp.R713-R715.

45. Dwivedi, A.D. e Gopal, K., 2010. Biossíntese de nanopartículas de prata e ouro utilizando extrato de folhas de Chenopodium album. Colloids and Surfaces A: Physicochemical and Engineering Aspects, 369(1-3), pp.27-33.

46. Li, X., Xu, H., Chen, Z.S. e Chen, G., 2011. Biossíntese de nanopartículas por microorganismos e suas aplicações. J Nanomater 2011: 1-16.

47. Mukunthan, K.S. e Balaji, S., 2012. Sumo de maçã de caju (Anacardium occidentale

L.) acelera a síntese de nanopartículas de prata. Jornal Internacional de Nanotecnologia Verde, 4(2), pp.71-79.

48. Mathew, L., Chandrasekaran, N. e Mukherjee, A., 2010. Biomimetic synthesis of nanoparticles: science, technology & applicability. Biomimética aprendendo com a natureza.

49. Pollet, P., Eckert, C.A. e Liotta, C.L., 2011. Solventes para processos químicos sustentáveis. WIT Trans Ecol Environ, 154, pp.21-31.

50. Wittmann, K., Wisniewski, W., Mynott, R., Leitner, W., Kranemann, C.L., Rische, T., Eilbracht, P., Kluwer, S., Ernsting, J.M. e Elsevier, C.J., 2001. Dióxido de Carbono Supercrítico como Solvente e Grupo Protetor Temporário para Hidroaminometilação Catalisada por Ródio. Chemistry-A European Journal, 7(21), pp.4584-4589.

51. Gholami-Shabani, M., Shams-Ghahfarokhi, M., Gholami-Shabani, Z., Akbarzadeh, A., Riazi, G., Ajdari, S., Amani, A. e Razzaghi-Abyaneh, M., 2015. Síntese enzimática de nanopartículas de ouro usando sulfito redutase purificada de Escherichia coli: uma abordagem ecológica verde. Process Biochemistry, 50(7), pp.1076-1085.

52. Adelere, I.A. e Lateef, A., 2016. Uma nova abordagem para a síntese verde de nanopartículas metálicas: o uso de agro-resíduos, enzimas e pigmentos. Revisões de Nanotecnologia, 5(6), pp.567-587.

53. Jamdagni, P., Rana, J.S., Khatri, P e Nehra, K., 2018. Conta comparativa da atividade antifúngica de nanopartículas de óxido de zinco verdes e quimicamente sintetizadas em combinação com fungicidas agrícolas. Jornal Internacional de Nano Dimensão, 9(2), pp.198-208.

54. Mukunthan, K.S. e Balaji, S., 2012. O sumo de maçã de caju (Anacardium occidentale L.) acelera a síntese de nanopartículas de prata. Jornal Internacional de

Nanotecnologia Verde, 4(2), pp.71-79.

55. Ahmad, A., Mukherjee, P., Senapati, P., Mandal, D., Khan, M.I., Kumar, R. e Sastry, M., 2003. Colloids and Surf. B: Biointerfaces, 28, pp.313-318.

56. Tan, Y.N., Lee, J.Y. e Wang, D.I., 2010. Descobrindo as regras de design para a síntese de peptídeos de nanopartículas metálicas. Jornal da Sociedade Americana de Química, 132(16), pp.5677-5686.

57. Li, Q., Mahendra, S., Lyon, D.Y., Brunet, L., Liga, M.V., Li, D. e Alvarez, P.J., 2008. Antimicrobial nanomaterials for water disinfection and microbial control: potential applications and implications (Nanomateriais antimicrobianos para desinfeção da água e controlo microbiano: potenciais aplicações e implicações). Investigação sobre a água, 42(18), pp.4591-4602.

58. Mude, N., Ingle, A., Gade, A. e Rai, M., 2009. Síntese de nanopartículas de prata utilizando extrato de calo de Carica papaya - um primeiro relatório. Journal of Plant Biochemistry and Biotechnology, 18, pp.83-86.

59. Kesharwani, J., Yoon, K.Y., Hwang, J. e Rai, M., 2009. Fitofabricação de nanopartículas de prata por extrato de folhas de Datura metel: mecanismo hipotético envolvido na síntese. Journal of Bionanoscience, 3(1), pp.39-44.

60. Shankar, S.S., Ahmad, A., Pasricha, R. e Sastry, M., 2003. A biorredução de iões de cloroaurato por folhas de gerânio e o seu fungo endofítico produz nanopartículas de ouro de diferentes formas. Journal of Materials Chemistry, 13(7), pp.1822-1826.

61. Shah, M., Fawcett, D., Sharma, S., Tripathy, S.K. e Poinern, G.E.J., 2015. Síntese verde de nanopartículas metálicas através de entidades biológicas. Materials, 8(11), pp.7278-7308.

62. Dizaj, S.M., Lotfipour, F., Barzegar-Jalali, M., Zarrintan, M.H. e Adibkia, K., 2014. Atividade antimicrobiana dos metais e nanopartículas de óxido de metal. Ciência e Engenharia de Materiais: C, 44, pp.278-284.

63. Fair, R.J. e Tor, Y., 2014. Antibióticos e resistência bacteriana no século XXI. Perspectivas em química medicinal, 6, pp.PMC-S14459.

64. Jayaraman, R., 2009. Antibiotic resistance: an overview of mechanisms and a paradigm shift (Resistência aos antibióticos: uma visão geral dos mecanismos e uma mudança de paradigma). Ciência atual, pp.1475-1484.

65. Pelgrift, R.Y. e Friedman, A.J., 2013. A nanotecnologia como ferramenta terapêutica para combater a resistência microbiana. Revisões avançadas de administração de medicamentos, 65(13-14), pp.1803-1815.

66. Lee, K.S. e El-Sayed, M.A., 2006. Gold and silver nanoparticles in sensing and imaging: sensitivity of plasmon response to size, shape, and metal composition. The Journal of Physical Chemistry B, 110(39), pp.19220-19225.

67. Iavicoli, I., Fontana, L. e Bergamaschi, A., 2009. Os efeitos dos metais como desreguladores endócrinos. Jornal de Toxicologia e Saúde Ambiental, Parte B, 12(3), pp.206-223.

68. Yun, H., Kim, J.D., Choi, H.C. e Lee, C.W., 2013. Atividade antibacteriana de nanocompósitos CNT- Ag e GO-Ag contra bactérias gram-negativas e gram-positivas. Boletim da Sociedade Coreana de Química, 34(11), pp.3261-3264.

69. Egger, S., Lehmann, R.P., Height, M.J., Loessner, M.J. e Schuppler, M., 2009. Propriedades antimicrobianas de um novo material nanocompósito de prata-sílica. Microbiologia aplicada e ambiental, 75(9), pp.2973-2976.

70. Tak, Y.K., Pal, S., Naoghare, P.K., Rangasamy, S. e Song, J.M., 2015. Penetração cutânea dependente da forma das nanopartículas de prata: isso realmente importa? Scientific Reports, 5(1), pp.1-11.

71. Zhou, Y., Kong, Y., Kundu, S., Cirillo, J.D. e Liang, H., 2012. Actividades antibacterianas de nanopartículas de ouro e prata contra Escherichia coli e bacillus Calmette-Guerin. Jornal de nanobiotecnologia, 10, pp.1-9.

72. Cui, Y., Zhao, Y., Tian, Y., Zhang, W., Lü, X. e Jiang, X., 2012. O mecanismo molecular de ação das nanopartículas de ouro bactericidas em Escherichia coli. Biomaterials, 33(7), pp.2327-2333.

73. Azam, A., 2012. AHMED; OVES; KHAN; HABIB; MEMIC, A. Atividade antimicrobiana de nanopartículas de óxido metálico contra bactérias Gram-positivas e Gram-negativas: um estudo comparativo. Revista Internacional de Nanomedicina, p.6003.

74. Buzea, C., Pacheco, I.I. e Robbie, K., 2007. Nanomateriais e nanopartículas: fontes e toxicidade. Biointerphases, 2(4), pp.MR17-MR71.

75. Mahapatra, O., Bhagat, M., Gopalakrishnan, C. e Arunachalam, K.D., 2008. Nanopartículas de CuO dispersas ultrafinas e a sua atividade antibacteriana. Journal of Experimental Nanoscience, 3(3), pp.185-193.

76. Ramteke, C., Chakrabarti, T., Sarangi, B.K. e Pandey, R.A., 2013. Síntese de nanopartículas de prata a partir do extrato aquoso de folhas de Ocimum sanctum para aumentar a atividade antibacteriana. Jornal de química, 2013.

77. Azam, A., 2012. AHMED; OVES; KHAN; HABIB; MEMIC, A. Atividade antimicrobiana de nanopartículas de óxido metálico contra bactérias Gram-positivas e

Gram-negativas: um estudo comparativo. Revista Internacional de Nanomedicina, p.6003.

78. Velmurugan, P, Hong, S.C., Aravinthan, A., Jang, S.H., Yi, P.I., Song, Y.C., Jung, E. S., Park, J.S. e Sivakumar, S., 2017. Comparação das caraterísticas físicas das nanopartículas de prata sintetizadas em verde e comerciais: avaliação dos efeitos antimicrobianos e citotóxicos. Arabian Journal for Science and Engineering, 42, pp.201-208.

79. Panigrahi, S., Basu, S., Praharaj, S., Pande, S., Jana, S., Pal, A., Ghosh, S.K. e Pal, T.J., 2007. Exploração da força do campo eletrostático para imobilização e redução catalítica do ácido o-nitrobenzóico em ácido antranílico em nanocompósitos de prata ligados a resinas. Phys. Chem. C, 111, pp.4596-4605.

80. Hitchcock, R.T., 2004. Radiação de radiofrequência e micro-ondas. AIHA.

81. Dutta, A.K., Maji, S.K. e Adhikary, B., 2014. nanopartículas de y-Fe2O3: um fotocatalisador eficaz e facilmente recuperável para a degradação dos corantes rosa bengala e azul de metileno na estação de tratamento de águas residuais. Boletim de Investigação de Materiais, 49, pp.28-34.

82. Gonawala, K.H. e Mehta, M.J., 2014. Remoção de cor de diferentes águas residuais de corantes utilizando óxido férrico como adsorvente. Int J Eng Res Appl, 4(5), pp.102-109.

83. Carmen, Z. e Daniela, S., 2012. Corantes orgânicos têxteis - caraterísticas, efeitos poluentes e procedimentos de separação/eliminação de efluentes industriais - uma visão crítica (Vol. 3, pp. 55-86). Rijeka: IntechOpen.

84. Wesenberg, D., Kyriakides, I. e Agathos, S.N., 2003. Fungos de podridão branca e suas enzimas para o tratamento de efluentes de corantes industriais. Biotechnology advances, 22(1-2), pp.161-187.

85. Fowsiya, J., Madhumitha, G., Al-Dhabi, N.A. e Arasu, M.V., 2016. Degradação fotocatalítica do vermelho do Congo utilizando nanopartículas de óxido de zinco revestidas com extrato de Carissa edulis. Jornal de Fotoquímica e Fotobiologia B: Biologia, 162, pp.395-401.

86. Ajaypraveenkumar, A., Henry, J., Mohanraj, K., Sivakumar, G. e Umamaheswari, S., 2015. Caracterização, luminescência e propriedades antibacterianas de AgNPs estáveis sintetizadas a partir de AgCl pelo método de precipitação. Jornal de Ciência e Tecnologia de Materiais, 31(11), pp.1125-1132.

87. Varadavenkatesan, T., Selvaraj, R. e Vinayagam, R., 2016. Fito-síntese de nanopartículas de prata a partir do extrato de folhas de Mussaenda erythrophylla e sua

aplicação na degradação catalítica do corante laranja de metilo. Journal of Molecular Liquids, 221, pp.10631070.

88. Bhuyan, T., Mishra, K., Khanuja, M., Prasad, R. e Varma, A., 2015. Biossíntese de nanopartículas de óxido de zinco de Azadirachta indica para aplicações antibacterianas e fotocatalíticas. Ciência dos Materiais no Processamento de Semicondutores, 32, pp.55-61.

89. Stan, M., Popa, A., Toloman, D., Dehelean, A., Lung, I. e Katona, G., 2015. Propriedades de degradação fotocatalítica aprimoradas de nanopartículas de óxido de zinco sintetizadas usando extratos de plantas. Ciência dos Materiais no Processamento de Semicondutores, 39, pp.23-29.

90. Thandapani, K., Kathiravan, M., Namasivayam, E., Padiksan, I.A., Natesan, G., Tiwari, M., Giovanni, B. e Perumal, V., 2018. Eficácia larvicida, antibacteriana e fotocatalítica aprimorada dos nanohíbridos de TiO 2 sintetizados em verde usando o extrato aquoso de folhas de Parthenium hysterophorus. Ciência Ambiental e Pesquisa sobre Poluição, 25, pp.10328-10339.

91. Aragay, G., Pons, J. e Merko^i, A., 2011. Tendências recentes em ferramentas e estratégias baseadas em macro, micro e nanomateriais para a deteção de metais pesados. Chemical Reviews, 111(5), pp.3433-3458.

92. Southam, G. e Beveridge, T.J., 1994. A formação in vitro de ouro de aluvião por bactérias. Geochimica et Cosmochimica Ata, 58(20), pp.4527-4530.

93. Lengke, M.F., Fleet, M.E. e Southam, G., 2006. Morfologia das nanopartículas de ouro sintetizadas por cianobactérias filamentosas a partir de complexos de ouro (I)-tiossulfato e ouro (III)-cloreto. Langmuir, 22(6), pp.2780-2787.

94. Lengke, M.F., Fleet, M.E. e Southam, G., 2006. Morfologia das nanopartículas de ouro sintetizadas por cianobactérias filamentosas a partir de complexos de ouro (I)-tiossulfato e ouro (III)-cloreto. Langmuir, 22(6), pp.2780-2787.

CAPÍTULO 4

Impacto da toxicidade das nanopartículas de prata na saúde humana

PALLAVI SINGH CHAUHAN E NEHA SHARMA

Amity Institute of Biotechnology, Amity University Madhya Pradesh, Maharajpura Dang, Gwalior (M.P)-474005, Índia.

***Autor correspondente:** *nsharma2@gwa.amity.edu*

Resumo

Nos avanços tecnológicos, os diferentes nanomateriais artificiais (ENM), as nanopartículas de prata (AgNPs) são nanoestruturas muito estudadas e amplamente estudadas pelas suas propriedades físico-químicas únicas. A aplicação das nanopartículas de prata inclui a sua utilização como agente bactericida, como estimulante visual e como futuro em ligaduras, instrumentos cirúrgicos e desinfectantes. O efeito tóxico dos ENMs na saúde humana ganhou recentemente muita atenção no sector da saúde. Os ENM são expostos sobretudo no local de trabalho durante o fabrico, a formulação, o armazenamento e o transporte. Esta situação aumentou a capacidade de interação das AgNPs com o ambiente, bem como o potencial de exposição e toxicidade. Nesta revisão, centrámo-nos nos desenvolvimentos actuais das ENMs, nas suas propriedades físicas e químicas *in vitro* e *in vivo*, com uma referência especial ao bioensaio e à distribuição da toxicidade, seguindo diferentes métodos de exposição. Também discutimos os estudos *in vitro* que demonstraram que a absorção celular depende do volume, da dose e do revestimento das AgNPs. Ainda assim, é necessária mais investigação para compreender os mecanismos de toxicidade que seguem diferentes padrões de exposição às AgNPs.

Palavras-chave: Nanomateriais artificiais, nanopartículas de prata; Citotoxicidade, Rotas de exposição.

Introdução

A nanotecnologia foi introduzida numa conferência proferida pelo físico Richard Feynman em 1959, intitulada "There is plenty of room at the bottom" (Há muito espaço na base), na qual se discutia a importância de controlar objectos ao nível atómico [1,2]. [1,2] O crescimento da nanotecnologia começa na era moderna após a invenção de ferramentas de imagiologia de superfícies ao nível atómico, ou seja, microscopia de tunelamento, etc. [3]

Nas últimas duas décadas, a nanotecnologia tem sido testemunha do desenvolvimento de medicamentos ou fármacos como terapia. Os nanomateriais de engenharia (ENM) são uma parte importante da nanotecnologia. De acordo com a Comissão Europeia, os NM são "materiais naturais, aleatórios ou produzidos que contêm partículas em forma aglomerada. [Produtos de consumo, incluindo cosméticos, eletrónica, louça de mesa, têxteis e artigos de desporto. Esta utilização generalizada deve-se às propriedades únicas dos NM, como a pequena dimensão e a grande área de superfície. [5]

No sector farmacêutico, a toxicidade dos nanomateriais nos seres humanos tem vindo a merecer muita atenção. [6] A maior parte da exposição aos nanomateriais ocorre no ar durante a formulação ou o transporte dos produtos. Além disso, é provável que a exposição significativa dos consumidores se deva à inalação oral e ao contacto direto com produtos que contêm ENM. [7] Por conseguinte, a pequena dimensão destas partículas facilita o seu transporte através de barreiras naturais, como o sistema digestivo (TGI), os pulmões e a pele, e esta transmissão pode causar efeitos tóxicos agudos e crónicos. Apesar das muitas vantagens dos nanomateriais, os potenciais riscos para a saúde não podem ser excluídos. Por conseguinte, a nanotoxicologia assegura uma investigação alargada para tornar a utilização de nanomateriais mais amiga do ambiente. [8]

Os NM mais frequentemente estudados são os fulerenos, os nanotubos de carbono (CNT), as nanopartículas de prata (AgNP), as nanopartículas de ouro (AuNP), etc. [9]. [9] A investigação inicial sobre AgNPs centrou-se mais na sua síntese e caraterização utilizando abordagens químicas. No entanto, o presente estudo centra-se principalmente nos seus efeitos biológicos e nas suas aplicações para diferentes fins. [10]

As AgNPs têm propriedades únicas com alguns problemas de toxicidade. Com base neste facto, foi realizado um estudo exaustivo para verificar as suas propriedades e potenciais aplicações em pensos para feridas como agentes antimicrobianos e agentes anticancerígenos, etc. [11]. [11] As propriedades toxicológicas das AgNPs foram abordadas em investigações anteriores quando utilizadas como agentes antimicrobianos, bem como durante a sua síntese. [12] Revisões recentes abordaram questões como a biossíntese, as propriedades biocidas e a citotoxicidade.

Os diferentes modos de ação podem ser um fator dos potenciais efeitos das AgNPs na saúde [13]. As principais vias de ação, incluindo os efeitos respiratórios, dérmicos e intravenosos, não foram abordadas em artigos anteriores. No nosso artigo, centrámo-nos nos métodos sintéticos actuais para a síntese física, química e biológica de AgNPs e nas técnicas de caraterização, juntamente com as suas aplicações. Especificamente, o nosso artigo tem como objetivo informar as últimas actualizações e estudos importantes sobre o efeito tóxico das AgNPs, seguindo diferentes vias de exposição. Alguns efeitos fisiológicos e patológicos são observados *in vitro* e *in vivo* no local de exposição e nos órgãos distais após a exposição. [14]

Entre todos os mecanismos de remediação ambiental desenvolvidos e distinguidos até à data, as AgNPs ocupam um lugar importante devido às suas potenciais aplicações. [15] Cerca de 320 toneladas de nanopartículas de Ag são sintetizadas todos os anos e utilizadas para imagiologia nanomédica, deteção biológica e alimentação. [16]

As AgNPs têm propriedades especiais em comparação com os ingredientes a granel devido às suas propriedades físicas e químicas únicas, incluindo tamanho pequeno, área maior, química de superfície, forma de partícula, morfologia, formação de partículas, revestimento, aglomeração, taxa de dissolução de partículas e taxa de dissolução de partículas em solução, eficiência de libertação de iões. [17] As AgNPs são amplamente utilizadas em electrodomésticos, armazenamento de alimentos, cuidados de saúde, aplicações ambientais e biomédicas. [18] Além disso, devido à sua atividade ótica, estas NPs têm sido utilizadas em estimulação, eletrónica e biossensores. [19]

Síntese e Caracterização de Nanopartículas de Prata

Foram utilizados vários métodos de síntese de AgNP para satisfazer necessidades crescentes. O método químico, que pode ser uma abordagem de cima para baixo ou de baixo para cima, consiste em três componentes principais: precursor mineral, agentes redutores e agentes fixadores. [20] A principal vantagem do método químico é o seu elevado desempenho em comparação com o método físico. Ao contrário do método físico, o método químico é muito caro, tóxico e perigoso. [21]

A abordagem de biossíntese utiliza sistemas biológicos para sintetizar AgNP. A abordagem ambiental tem a disponibilidade de um grande número de recursos biológicos. [22] Podem ser utilizadas várias técnicas analíticas para determinar estes parâmetros. 23] Os relatórios mostraram que, do ponto de vista toxicológico, as AgNP fornecidas pelo mesmo fabricante apresentaram resultados diferentes, ou seja, citotoxicidade, acumulação dependente da dose em vários tecidos de ratos[24]. [24] Além disso, alguns estudos comunicaram as propriedades das partículas, utilizando apenas dados do fabricante sem que os investigadores verificassem as propriedades existentes, ou utilizando uma única ferramenta analítica que fornece informações limitadas sobre a natureza das partículas estudadas. Isto implica a importância da caraterização físico-química das AgNPs antes dos estudos de avaliação toxicológica. [25] Deve ser desenvolvida uma abordagem normalizada, por exemplo, a aplicação de métodos validados, a utilização de materiais de referência, para garantir que os resultados possam ser comparados entre estudos de toxicidade com AgNPs semelhantes. [26]

Propriedades físico-químicas das nanopartículas de prata

As dimensões das NPs afectam a sua absorção e eficiência. Num estudo, foi referido que o tamanho das AgNP normalmente utilizadas em aplicações gerais se situava entre 1 e 10 nm [27]. [27] Com a mesma massa de NPs, as interações biológicas e tóxicas dependem mais do número de partículas e da área de superfície especificada do que da massa das partículas. As propriedades das AgNPs podem ser melhoradas através da ativação das NPs utilizando uma variedade de revestimentos que afectam a carga superficial, a solubilidade e/ou a hidrofobicidade das NPs. [28]

As AgNP têm sido aplicadas com vários revestimentos para melhorar propriedades como a biocompatibilidade e a estabilidade, especialmente contra a aglomeração. O citrato trissódico (CT- AgNP), o bis (2-etil-hexil) sulfosuccinato de sódio, etc., têm sido utilizados como agentes modificadores da superfície e como estabilizadores [29]. [29] Além disso, o revestimento altera a sua carga, o que, por sua vez, afecta o seu efeito tóxico nas células. Pensa-se que as PN são vectores mais adequados para a administração de medicamentos contra o cancro, porque podem permanecer na corrente sanguínea durante mais tempo do que as partículas com carga negativa[30]. [30] Foram também registados efeitos relacionados com a forma em estudos com diferentes tamanhos de AgNP. Por exemplo, num estudo, os nanocubos de prata mostraram um efeito antibacteriano mais forte contra a Escherichia coli [31]. [31] Foi também relatada uma reação dependente da forma das nanopartículas com Escherichia coli, na qual a AgNP truncada triangular teve um efeito biocida mais forte. [32]

Mecanismo de ação das nanopartículas de prata e várias aplicações

As AgNP distinguem-se pelos seus efeitos inibitórios e bacteriostáticos quando aplicadas em cateteres, feridas, queimaduras, etc. [33]. [33] Uma abordagem possível é a interação das AgNP com as bactérias, a danificação dos organelos intracelulares e a modulação das vias de sinalização intracelular para a apoptose. [34, 35] Os investigadores demonstraram que estas NPs são excelentes inibidores contra bactérias Gram-positivas e Gram-negativas. Finalmente, os iões Ag^+ libertados pelas AgNPs são outro fator importante que contribui para a atividade citotóxica [36]. [36] Sabe-se que as AgNPs mais pequenas têm uma taxa de dissolução mais rápida dos iões de prata (Ag^+) no microambiente circundante devido a rácios superfície-volume mais elevados e, por conseguinte, maior biodisponibilidade, melhor dispersão e maior toxicidade da Ag em comparação com as NPs maiores. [37]

Vias de exposição das nanopartículas de prata

No local de exposição, as AgNPs podem causar inflamação e stress oxidativo. Além disso, podem entrar na circulação sistémica atravessando várias barreiras biológicas. As AgNP administradas por via intravenosa entram diretamente no sistema circulatório[38]. [38] As AgNP são depois distribuídas por diferentes órgãos e causam efeitos específicos em cada um deles, como se pode ver na figura

1. É necessário observar o efeito direto das AgNPs transportadas e/ou as reacções ao stress oxidativo e inflamatório induzido pelas partículas no local de exposição. [39]

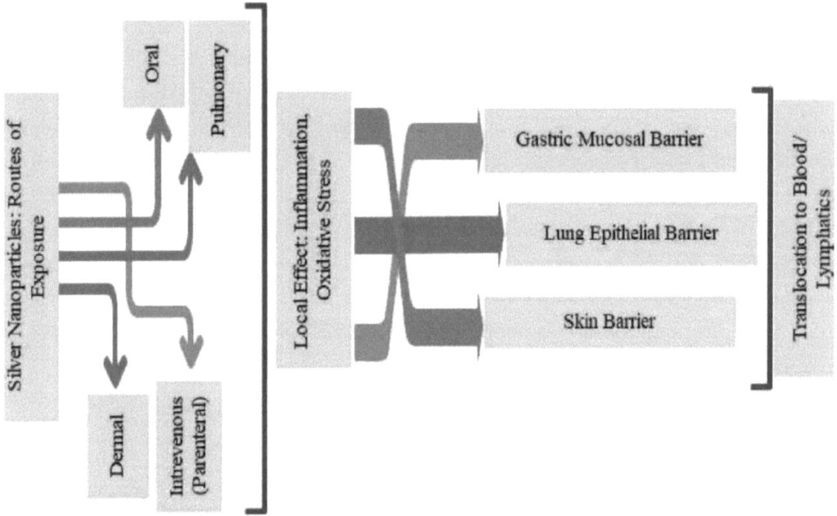

Fig.1 Várias vias de exposição das nanopartículas de prata. [40]

Exposição respiratória

Durante o fabrico, a lavagem ou a eliminação de produtos leva à libertação de AgNP no ambiente e, através da inalação, as NPs podem entrar no trato respiratório humano. A avaliação da exposição realizada na produção de NM revelou uma libertação significativa de AgNP durante o processamento, após a abertura do reator, do secador e do moinho, resultando numa potencial exposição profissional. [41] São utilizados diariamente vários produtos em aerossol contendo AgNP para fins de saúde e higiene. [42]

Foi referido que a utilização de aerossóis de consumo contendo AgNP com base na nanotecnologia poderia levar à formação de aerossóis à escala nanométrica e à libertação de NPs na vizinhança do sistema respiratório humano. A libertação de AgNPs a uma concentração máxima de 145 pg/L foi também comunicada por tintas para exterior durante os primeiros fluxos [43]. [43] Os autores sugeriram que os trabalhadores poderiam ser expostos a AgNP no ar em concentrações entre 0,005 e 0,289. [44]

Além disso, podem entrar na circulação sistémica atravessando várias barreiras biológicas. As AgNP administradas por via intravenosa entram diretamente no sistema circulatório. Em seguida, as AgNP são distribuídas por vários órgãos e causam determinados efeitos fisiopatológicos[45]. [45] Resta saber se os efeitos encontrados em órgãos distantes se devem aos efeitos diretos da injeção de AgNP e/ou à resposta à pressão sanguínea e à inflamação causada pelas partículas na área afetada. [46]

Exposição oral

Além disso, os resíduos urbanos e industriais entram no ecossistema aquático e acumulam-se ao longo das cadeias alimentares. Por conseguinte, a presença de AgNP em suplementos nutricionais, a contaminação da água ou dos alimentos para peixes e outros organismos aquáticos são fontes potenciais de exposição oral[47]. [47] Estudos recentes mostraram também que as AgNP presentes nas embalagens de alimentos podem ser transferidas das embalagens para os alimentos em várias condições de utilização. A inalação durante o fabrico acaba por resultar em exposição oral, uma vez que as partículas removidas do tabuleiro mucoso são capturadas e eliminadas através do sistema digestivo. Estima-se que a quantidade de prata consumida por uma pessoa através do consumo diário varia entre 20 e 80 microgramas. [48]

Uma vez ingerido, o sistema digestivo actua como uma barreira mucosa que apoia seletivamente a decomposição e a absorção de nutrientes como os hidratos de carbono, os péptidos e as gorduras. As NPs podem atuar na camada mucosa, entrar na corrente sanguínea e, assim, atingir qualquer órgão através do epitélio[49]. [49] A absorção de NPs com menos de 100 nm de diâmetro ocorre principalmente por endocitose nas células epiteliais. Nos enterócitos, as AgNPs podem provocar stress oxidativo, danos no ADN, etc. [50]. [50]

Exposição cutânea e parentérica

A capacidade das NPs sólidas para penetrarem na pele humana saudável e lesionada e a sua capacidade de se difundirem nas estruturas básicas são bem conhecidas. [51, 52]

Numa experiência, foram introduzidas injecções intravenosas, intraperitoneais e subcutâneas, dando às AgNPs acesso direto à circulação sistémica. Os medicamentos à base de AgNP ou os transportadores de medicamentos podem permitir que estas partículas penetrem diretamente na circulação humana. Em geral, os estudos anteriores evidenciaram diferenças na exposição e diferenças específicas na acumulação de AgNP nos tecidos-alvo. [53]

Neste contexto, vários estudos investigaram a cinética da eliminação após exposição por inalação subaguda, exposição intravenosa e oral a AgNP e Ag^{+} iões de diferentes tamanhos. Estes estudos concluíram que a prata é removida da maioria dos órgãos após um período de recuperação, normalmente entre 17 dias e quatro meses [54]. [54] Contudo, tecidos biologicamente retardados, como o cérebro e os testículos, mostraram persistência da prata em estudos de exposição oral a longo prazo. A persistência de nanopartículas nestes órgãos aumenta a probabilidade de toxicidade adicional. [55]

Conclusão e perspectivas futuras

Os efeitos citotóxicos das AgNPs foram documentados em estudos *in vitro* em várias linhas celulares e são regulados por factores como o tamanho, a forma, o revestimento, a dose e o tipo de célula. Estudos *in vivo* de toxicidade e bioensaios por diferentes vias de exposição resultaram no transporte de Ag para diferentes órgãos e na sua acumulação e, em última análise, na toxicidade para os órgãos. As AgNPs podem induzir danos na base oxidativa através da geração de espécies reactivas de oxigénio (ROS) e induzir diretamente quebras de cadeia no ADN. Ainda não existem técnicas de caraterização adequadas e normalizadas que possam ajudar a avaliar a toxicidade das AgNP e a compará-las com as de outros estudos que utilizam NPs semelhantes. O modo de ação das AgNP ainda não é totalmente compreendido e, por conseguinte, existe uma lacuna relacionada com a informação sobre os potenciais efeitos da exposição às AgNP em modelos animais altamente sensíveis.

Não existe nenhum relatório sobre a extensão das AgNP que entram no corpo humano, se as AgNP sofrem alterações no ambiente fisiológico ou se os iões Ag+ emitidos pelas NPs são absorvidos. Uma vez que não foi demonstrado que a via clara seja o mecanismo mais importante para os efeitos fisiopatológicos induzidos pelas AgNP, incluímos algumas recomendações para investigação posterior. As limitações da caraterização de uma única partícula podem avaliar eficazmente o efeito funcional das partículas compostas, pelo que a caraterização das AgNPs deve ser efectuada com mais do que uma técnica relevante. As propriedades das AgNPs devem ser avaliadas num ambiente adequado, uma vez que as interações com fluidos biológicos podem alterar as propriedades, a absorção e os efeitos citológicos das NPs.

As aplicações comerciais e biomédicas generalizadas da nanoprata incluem a sua utilização como catalisador e recetor ótico em cosméticos, eletrónica e engenharia têxtil, como agente bactericida e em pensos para feridas, instrumentos cirúrgicos e desinfectantes. São necessários dados exaustivos sobre o bioensaio e a acumulação de AgNPs. Estes dados devem ter em conta as diferentes propriedades físicas e químicas das AgNP, a fim de proporcionar uma visão concreta da toxicidade local e distal dos tecidos e dos mecanismos das AgNP. Devem ser desenvolvidas técnicas e métodos adequados para prever iões Ag+ para as AgNPs *in vivo* e para ter em conta a fração de ionização da superfície das AgNPs em diferentes tecidos. O impacto transgeracional das AgNP deve ser avaliado em sistemas de mamíferos superiores.

Agradecimentos

Gostaríamos de agradecer ao Dr. Ashok Kumar Chauhan, Presidente da RBEF, organização-mãe da Amity University Madhya Pradesh, ao Dr. Aseem Chauhan, Presidente Adicional da RBEF e Presidente do Campus da AUMP, Gwalior. O Tenente-General V. K. Sharma, AVSM (Retd.), Pró-Chanceler da AUMP, Gwalior, Índia, por ter disponibilizado as instalações necessárias e pelo seu valioso apoio e encorajamento ao longo do trabalho.

Não existem conflitos de interesses.

Referências

1. Ferdous Z, Nemmar A. Health impact of silver nanoparticles: a review of the biodistribution and toxicity following various routes of exposure (Impacto das nanopartículas de prata na saúde: uma revisão da biodistribuição e toxicidade após várias vias de exposição). Revista internacional de ciências moleculares. 2020 Jan;21(7):2375.

2. Afonin KA, Kasprzak WK, Bindewald E, Kireeva M, Viard M, Kashlev M, Shapiro BA. Conceção in silico e síntese enzimática de nanopartículas de ARN funcionais. Contas de pesquisa química. 2014 Jun 17;47(6):1731-41.

3. Bayda S, Adeel M, Tuccinardi T, Cordani M, Rizzolio F. The history of nanoscience and nanotechnology: Das aplicações físico-químicas à nanomedicina. Molecules. 2020 Jan;25(1): 112.

4. Lynch I, Afantitis A, Exner T, Himly M, Lobaskin V, Doganis P, Maier D, Sanabria N, Papadiamantis AG, Rybinska-Fryca A, Gromelski M. Pode um InChI para nano responder à necessidade de uma representação simplificada de nanomateriais complexos em estudos experimentais e nanoinformáticos? Nanomaterials. 2020 Dec;10(12):2493.

5. Zielinska A, Costa B, Ferreira MV, Migueis D, Louros J, Durazzo A, Lucarini M, Eder P, Chaud MV, Morsink M, Willemen N. Nano toxicologia e nano segurança: Safety-by-design and testing at a glance. Revista Internacional de Investigação Ambiental e Saúde Pública. 2020 Jan;17(13):4657.

6. Yaqoob AA, Ahmad H, Parveen T, Ahmad A, Oves M, Ismail IM, Qari HA, Umar K, Mohamad Ibrahim MN. Avanços recentes em nanomateriais decorados com metais e suas várias aplicações biológicas: uma revisão. Fronteiras em química. 2020 maio 19;8:341.

7. Staron A, Dlugosz O, Pulit-Prociak J, Banach M. Analysis of the Exposure of Organisms to the Action of Nanomaterials (Análise da Exposição de Organismos à Ação de Nanomateriais). Materials. 2020 Jan;13(2):349.

8. Furxhi I, Murphy F, Mullins M, Arvanitis A, Poland CA. Práticas e tendências da aplicação da aprendizagem automática em nanotoxicologia. Nanomaterials. 2020

Jan;10(1):116.

9. Shafiq M, Anjum S, Hano C, Anjum I, Abbasi BH. An overview of the applications of nanomaterials and nanodevices in the food industry (Uma visão geral das aplicações de nanomateriais e nanodispositivos na indústria alimentar). Foods. 2020 Feb;9(2):148.

10. Xu L, Wang YY, Huang J, Chen CY, Wang ZX, Xie H. Silver nanoparticles: Síntese, aplicações médicas e biossegurança. Theranostics. 2020;10(20):8996.

11. Zhang XF, Liu ZG, Shen W, Gurunathan S. Silver nanoparticles: synthesis, characterization, properties, applications, and therapeutic approaches. Revista internacional de ciências moleculares. 2016 Sep;17(9):1534.

12. Mikhailova EO. Silver Nanoparticles: Mechanism of Action and Probable BioApplication. Jornal de Biomateriais Funcionais. 2020 Dec;11(4):84.

13. Salleh A, Naomi R, Utami ND, Mohammad AW, Mahmoudi E, Mustafa N, Fauzi MB. O potencial das nanopartículas de prata para aplicações antivirais e antibacterianas: um mecanismo de ação. Nanomateriais. 2020 Ago;10(8):1566.

14. Ferdous Z, Nemmar A. Health impact of silver nanoparticles: a review of the biodistribution and toxicity following various routes of exposure (Impacto das nanopartículas de prata na saúde: uma revisão da biodistribuição e toxicidade após várias vias de exposição). Revista internacional de ciências moleculares. 2020 Jan;21(7):2375.

15. Guerra FD, Attia MF, Whitehead DC, Alexis F. Nanotecnologia para remediação ambiental: materiais e aplicações. Molecules. 2018 Jul;23(7):1760.

16. Haque S, Patra CR. Nanopartículas de ouro sintetizadas biologicamente como um agente de bioimagem baseado em infravermelho próximo. (2021).

17. Lee SH, Jun BH. Silver nanoparticles: synthesis and application for nanomedicine. Revista internacional de ciências moleculares. 2019 Jan;20(4):865.

18. Deshmukh SP, Patil SM, Mullani SB, Delekar SD. Silver nanoparticles as an effective disinfectant: A review. Ciência e Engenharia de Materiais: C. 2019 Abr 1;97:954-65.

19. Naresh V, Lee N. A Review on Biosensors and Recent Development of Nanostructured Materials-Enabled Biosensors (Uma revisão sobre biossensores e desenvolvimento recente de biossensores com base em materiais nanoestruturados). Sensors. 2021 Jan;21(4):1109.

20. Ghiutä I, Cristea D. Silver nanoparticles for delivery purposes. Nanoengineered Biomaterials for Advanced Drug Delivery. 2020:347.

21. Salem SS, Fouda A. Green synthesis of metallic nanoparticles and their prospective

biotechnological applications: an overview. Pesquisa de oligoelementos biológicos. 2020 maio 6:1-27.

22. Kanwal Z, Raza MA, Riaz S, Manzoor S, Tayyeb A, Sajid I, Naseem S. Síntese e caraterização de nanocompósitos de cobalto decorados com nanopartículas de prata (Co@ AgNPs) e a sua atividade antibacteriana dependente da densidade. Ciência aberta da Royal Society. 2019 May 1;6(5):182135.

23. Gamboa SM, Rojas ER, Martinez VV, Vega-Baudrit J. Síntese e caraterização de nanopartículas de prata e sua aplicação como agente antibacteriano. Int. J. Biosen. Bioelectron. 2019;5:166-73.

24. Vandebriel RJ, Tonk EC, de la Fonteyne-Blankestijn LJ, Gremmer ER, Verharen HW, van der Ven LT, van Loveren H, de Jong WH. Imunotoxicidade de nanopartículas de prata num estudo intravenoso de toxicidade de dose repetida de 28 dias em ratos. Toxicologia de partículas e fibras. 2014 Dec;11(1):1-9.

25. Ferdous Z, Nemmar A. Health impact of silver nanoparticles: a review of the biodistribution and toxicity following various routes of exposure (Impacto das nanopartículas de prata na saúde: uma revisão da biodistribuição e toxicidade após várias vias de exposição). Revista internacional de ciências moleculares. 2020 Jan;21(7):2375.

26. Burdusel AC, Gherasim O, Grumezescu AM, Mogoantä L, Ficai A, Andronescu E. Biomedical applications of silver nanoparticles: An up-to-date overview. Nanomaterials. 2018 Sep;8(9):681.

27. Dutta T, Chattopadhyay AP, Ghosh NN, Khatua S, Acharya K, Kundu S, Mitra D, Das M . Síntese e estabilização de nanopartículas de prata biogénicas para atividade apoptótica; perspectivas de estudos experimentais e teóricos. Documentos Químicos. 2020 Nov;74:4089-101.

28. Yaqoob SB, Adnan R, Khan RM, Rashid M. Nanopartículas de ouro, prata e paládio: uma ferramenta química para aplicações biomédicas. Fronteiras em química. 2020;8.

29. Riaz M, Mutreja V, Sareen S, Ahmad B, Faheem M, Zahid N, Jabbour G, Park J. Potência antibacteriana e citotóxica excecional de AgNPs verdes monodispersas preparadas sob pH e temperatura optimizados. Relatórios científicos. 2021 Feb 3;11(1):1-1.

30. Singh P, Pandit S, Mokkapati VR, Garg A, Ravikumar V, Mijakovic I. Gold nanoparticles in diagnostics and therapeutics for human cancer. Revista internacional de molecular sciences. 2018 Jul;19(7):1979.

31. Prasher P, Singh M, Mudila H. Silver nanoparticles as antimicrobial therapeutics: perspectivas actuais e desafios futuros. 3 Biotech. 2018 Oct;8(10):1-23.

32. Li J, Tang M, Xue Y. Revisão dos efeitos da exposição a nanopartículas de prata nas bactérias intestinais. Jornal de Toxicologia Aplicada. 2019 Jan;39(1):27-37.

33. Paladini F, Pollini M. Nanopartículas de prata antimicrobianas para aplicação na cicatrização de feridas: progressos e tendências futuras. Materials. 2019 Jan;12(16):2540.

34. Canaparo R, Foglietta F, Limongi T, Serpe L. Biomedical Applications of Reactive Oxygen Species Generation by Metal Nanoparticles (Aplicações Biomédicas da Geração de Espécies Reactivas de Oxigénio por Nanopartículas Metálicas). Materials. 2021 Jan;14(1):53.

35. Liao C, Li Y, Tjong SC. Propriedades bactericidas e citotóxicas de nanopartículas de prata. Revista internacional de ciências moleculares. 2019 Jan;20(2):449.

36. Hamouda RA, Hussein MH, Abo-Elmagd RA, Bawazir SS. Síntese e caraterização biológica de nanopartículas de prata derivadas da cianobactéria Oscillatoria limnetica. Relatórios científicos. 2019 Sep 10;9(1):1-7.

37. Yan A, Chen Z. Impactos das nanopartículas de prata nas plantas: um enfoque na fitotoxicidade e no mecanismo subjacente. Revista internacional de ciências moleculares. 2019 Jan;20(5):1003.

38. Hussain A, Alajmi MF, Khan MA, Pervez SA, Ahmed F, Amir S, Husain FM, Khan MS, Shaik GM, Hassan I, Khan RA. A nanopartícula de prata biossintetizada (AgNP) do extrato de folha de Pandanus odorifer exibe potenciais anti-metástase e anti-biofilme. Fronteiras em microbiologia. 2019 Feb 12;10:8.

39. D^browska-Bouta B, Sulkowski G, Struzynski W, Struzynska L. A exposição prolongada a nanopartículas de prata resulta em stress oxidativo na mielina cerebral. Investigação sobre neurotoxicidade. 2019 Apr;35(3):495-504.

40. Ferdous Z, Nemmar A. Health Impact of Silver Nanoparticles: A Review of the Biodistribution and Toxicity Following Various Routes of Exposure (Uma revisão da biodistribuição e toxicidade após várias vias de exposição). Jornal Internacional de Ciências Moleculares. 2020; 21(7):2375.

41. Gokulan K, Williams K, Orr S, Khare S. Human Intestinal Tissue Explant Exposure to Silver Nanoparticles Reveals Sex Dependent Alterations in Inflammatory Responses and Epithelial Cell Permeability. Revista Internacional de Ciências Moleculares. 2021 Jan;22(1):9.

42. Calderon-Jimenez B, Johnson ME, Montoro Bustos AR, Murphy KE, Winchester MR, Vega Baudrit JR. Silver nanoparticles: technological advances, societal impacts, and metrological challenges (Nanopartículas de prata: avanços tecnológicos, impactos sociais e desafios metrológicos). Fronteiras em química. 2017 Feb 21;5:6.

43. Othman AM, Elsayed MA, Al-Balakocy NG, Hassan MM, Elshafei AM. Biossíntese e caraterização de nanopartículas de prata induzidas por proteínas fúngicas e sua aplicação em diferentes actividades biológicas. Jornal de Engenharia Genética e Biotecnologia. 2019 Dec;17(1):1-3.

44. D^browska-Bouta B, Sulkowski G, Struzynski W, Struzynska L. A exposição prolongada a nanopartículas de prata resulta em stress oxidativo na mielina cerebral. Investigação sobre neurotoxicidade. 2019 Apr;35(3):495-504.

45. Abdelsalam M, Al-Homi dan I, Ebeid T, Abou-Emera O, Mostafa M, El-Razik A, Shehab-El-Deen M, Abdel Ghani S, Fathi M. Effect of silver nanoparticle administration on productive performance, blood parameters, antioxidative status, and silver residues in growing rabbits under hot climate. Animals. 2019 Oct;9(10):845.

46. Liao C, Li Y, Tjong SC. Propriedades bactericidas e citotóxicas de nanopartículas de prata. Revista internacional de ciências moleculares. 2019 Jan;20(2):449.

47. Fiorati A, Bellingeri A, Punta C, Corsi I, Venditti I. Nanopartículas de prata para monitorização e tratamento da poluição da água: Ecosafety Challenge and Cellulose-Based Hybrids Solution. Polymers. 2020 Aug;12(8):1635.

48. Lafuente D, Garcia T, Blanco J, Sanchez DJ, Sirvent JJ, Domingo JL, Gomez M. Effects of oral exposure to silver nanoparticles on the sperm of rats. Reproductive Toxicology. 2016 Abr 1;60:133-9.

49. Patra JK, Das G, Fraceto LF, Campos EV, del Pilar Rodriguez-Torres M, Acosta-Torres LS, Diaz-Torres LA, Grillo R, Swamy MK, Sharma S, Habtemariam S. Nano based drug delivery systems: recent developments and future prospects. Jornal de nanobiotecnologia. 2018 Dec;16(1):1-33.

50. Panzarini E, Mariano S, Carata E, Mura F, Rossi M, Dini L. Transporte intracelular de nanopartículas de prata e ouro e respostas biológicas: uma atualização. Revista internacional de ciências moleculares. 2018 maio;19(5):1305.

51. Wang M, Lai X, Shao L, Li L. Avaliação das imunorrespostas e da citotoxicidade da exposição da pele a nanopartículas metálicas. Revista internacional de nanomedicina. 2018;13:4445.

52. Mihai MM, Dima MB, Dima B, Holban AM. Nanomateriais para a cicatrização de feridas e controlo de infecções. Materials. 2019 Jan;12(13):2176.

53. Zhang XF, Shen W, Gurunathan S. Respostas celulares mediadas por nanopartículas de prata em várias linhas celulares: um modelo in vitro. Revista internacional de ciências moleculares. 2016 Oct;17(10):1603.

54. Ferdous Z, Nemmar A. Health impact of silver nanoparticles: a review of the biodistribution and toxicity following various routes of exposure (Impacto das nanopartículas de prata na saúde: uma revisão da biodistribuição e toxicidade após várias vias de exposição). Revista internacional de ciências moleculares. 2020 Jan;21(7):2375.

55. Xu L, Wang YY, Huang J, Chen CY, Wang ZX, Xie H. Nanopartículas de prata: Síntese, aplicações médicas e biossegurança. Theranostics. 2020;10(20):8996.

Printed by Books on Demand GmbH, Norderstedt / Germany